基礎微積分

高橋豊文
長澤壯之 共著

学術図書出版社

序　文

　本書は，大学の初年級の微積分の教科書である．微積分は，微分方程式，統計学，物理学等の多くの分野で不可欠な基礎理論であり，その基本的な概念と計算法をできる限り速やかに習得できるよう，簡潔に解説することを心掛けた．

　厳密な理論というより，自然科学の基礎，あるいはその道具としての微積分を限られた時間で一通り基本的な概念と実際の計算方法を身に付けることが本書の目的である．従って，諸定理に厳密性な証明を与えることは避けた．一応証明を付けている定理についても，証明は定理の理解を深めるという意義があるが，講義では参考事項として省略することも考えられてよい．また，**参考** や *印の付いているもの（**例***　など）を適宜省略することで，半年の微分積分の講義にも使用できるよう考慮した．

　微積分の基礎的事項はほとんど述べてあるが，内容について，一様収束など本書の程度を超えていると考えられる概念については触れてない．また，テーラー級数は，微積分において主要な項目の一つではあるが，級数の一般論には触れずに本書の最後に付録として概要だけを述べた．

　微積分（に限らず数学）を学ぶ際に大切なことは，定理や公式の理解のためにも，例をよく吟味することと，なにより不可欠なのは問題に取り組むことである．各節にある問はぜひ自分自身で解いて（解けなくとも考え込んで）ほしい．

　最後に，本書の出版に当たっては，学術図書出版社の高橋秀治氏には終始お世話になりました．心から感謝申し上げます．

2000 年 1 月

　　　　　　　　　　　　　　　　　　　　　　　　　　　　　　　著者

目　　次

第1章　微分　　1
- 1.1　極限 1
- 1.2　連続関数 4
- 1.3　導関数 6
- 1.4　合成関数と逆関数の微分 8
- 1.5　初等関数 10
  - 1.5.1　3角関数 11
  - 1.5.2　逆3角関数 12
  - 1.5.3　対数関数，指数関数 13
  - 1.5.4　双曲線関数* 15
- 1.6　平均値の定理，Taylorの定理 16
  - 1.6.1　平均値の定理 16
  - 1.6.2　不定形の極限 17
  - 1.6.3　Taylorの定理 19
  - 1.6.4　関数の増減，極値 21
- 練習問題1 23

第2章　偏微分　　25
- 2.1　2変数関数とその連続性 25
- 2.2　偏微分可能性と微分可能性 27
- 2.3　偏導関数 33
- 2.4　Taylorの定理と関数の極値 36
- 2.5　陰関数とその導関数 40

	練習問題 2	48

第 3 章 積分   50

  3.1 定積分 50
  3.2 原始関数 54
  3.3 初等関数の原始関数 57
      3.3.1 有理関数の原始関数 57
      3.3.2 3 角関数の原始関数 61
      3.3.3 無理関数の原始関数 62
      3.3.4 初等関数では表されない積分* 65
  3.4 広義積分 65
  3.5 積分で定義された関数，ベータ関数とガンマ関数* 69
  3.6 曲線の長さ 72
     練習問題 3 74

第 4 章 重積分   78

  4.1 平面領域 78
  4.2 重積分 79
  4.3 累次積分 81
  4.4 変数変換 87
  4.5 広義重積分 91
  4.6 3 重積分 98
  4.7 体積，曲面積 102
     練習問題 4 105

第 5 章 Taylor 展開*   109

  5.1 Taylor の定理，剰余項 109
  5.2 Taylor 級数 111
  5.3 整級数 113
  5.4 関数の Taylor 展開 115
  5.5 整級数と複素変数関数 117

解答 119

索引 126

第1章

微分

1.1 極限

関数値の極限

$\lim_{x \to a} f(x)$

1. $x(\neq a)$ が a に限りなく近づくとき,$f(x)$ が A に限りなく近づくならば,すなわち,

$$|x - a| \to 0 \ (x \neq a) \implies |f(x) - A| \to 0$$

が成り立つとき,$x \to a$ のとき $f(x)$ は A に収束するといい,A を極限(値)という.このことを

$$\lim_{x \to a} f(x) = A, \text{ または } f(x) \to A \ (x \to a)$$

で表す.

2. $x(\neq a)$ が a に限りなく近づくとき,$f(x)$ が限りなく大きくなるならば,すなわち,

$$|x - a| \to 0 \ (x \neq a) \implies f(x) \to +\infty$$

が成り立つとき,$x \to a$ のとき $f(x)$ は $+\infty$ に発散するといい,

$$\lim_{x \to a} f(x) = +\infty, \text{ または } f(x) \to +\infty \ (x \to a)$$

で表す.

3. $x \to +\infty$ のとき, $f(x)$ が実数 A に限りなく近づくならば, $x \to +\infty$ のとき $f(x)$ は A に**収束**するといい,

$$\lim_{x \to +\infty} f(x) = A, \quad \text{または} \quad f(x) \to A \ (x \to +\infty)$$

で表す.

$$\lim_{x \to +\infty} f(x) = +\infty$$

も同様に定義する. また,

$$\lim_{x \to +\infty} f(x) = -\infty \iff \lim_{x \to +\infty} \{-f(x)\} = +\infty$$

$$\lim_{x \to -\infty} f(x) = A \iff \lim_{t \to +\infty} f(-t) = A \quad (-\infty \leqq A \leqq +\infty)$$

である.

参考 「近い」とか「大きい」という概念は相対的なものであるから, 比較する基準を定めなければ意味が不明瞭である.「限りなく近づく」「いくらでも大きくなる」等を正確に述べれば以下のようになる.

1. $\lim_{x \to a} f(x) = A$: 任意の $\varepsilon > 0$ に対して,

$$0 < |x - a| < \delta \implies |f(x) - A| < \varepsilon$$

となる $\delta > 0$ が存在する (いかなる基準 (ε) を設定しても, x がある程度 (δ) 近づけばその基準をクリアする).

2. $\lim_{x \to a} f(x) = +\infty$: 任意の実数 M に対して,

$$0 < |x - a| < \delta \implies f(x) > M$$

となる $\delta > 0$ が存在する.

3. $\lim_{x \to +\infty} f(x) = A$: 任意の $\varepsilon > 0$ に対して,

$$x > N \implies |f(x) - A| < \varepsilon$$

となる実数 N が存在する.

例 1.1 $\lim_{x \to +\infty} x(2 + \sin x) = +\infty$ であるが, $\lim_{x \to +\infty} x(1 + \sin x) \neq +\infty$ (極限は存在しない).

数列の極限

数列 $\{a_n\}$ ($n = 1, 2, 3, \ldots$) の極限

$$\lim_{n \to \infty} a_n$$

も **3.** と同様である.

片側極限

1. （右側極限）x が実数 a に右側から近づくときの極限 $\lim\limits_{\substack{x\to a\\x>a}} f(x)$ を

$$\lim_{x\to a+0} f(x), \quad \lim_{x\downarrow a} f(x), \quad \text{または} \quad f(a+0)$$

などと書く.

2. （左側極限）x が実数 a に左側から近づくときの極限 $\lim\limits_{\substack{x\to a\\x<a}} f(x)$ を

$$\lim_{x\to a-0} f(x), \quad \lim_{x\uparrow a} f(x), \quad \text{または} \quad f(a-0)$$

などと書く.

$a=0$ のとき, $0+0$, $0-0$ をそれぞれ $+0$, -0 と書く.

注意 1.1 記号 $f(\pm\infty)$ も同様に用いる：

$$f(+\infty) = \lim_{x\to +\infty} f(x), \quad f(-\infty) = \lim_{x\to -\infty} f(x)$$

注意 1.2 $\quad \lim\limits_{x\to a} f(x) = A \iff f(a+0) = f(a-0) = A$

定理 1.1 $\lim\limits_{x\to a} f(x) = A$, $\lim\limits_{x\to a} g(x) = B$ $(A, B \neq \pm\infty)$ とする.
(1) $\lim\limits_{x\to a}(f(x) \pm g(x)) = A \pm B$.
(2) $\lim\limits_{x\to a} f(x)g(x) = AB$.
(3) $\lim\limits_{x\to a} \dfrac{f(x)}{g(x)} = \dfrac{A}{B}$ $(B \neq 0)$.

注意 1.3 定理において, 右辺の $A \pm B$, AB, A/B が不定形：

$$+\infty + (-\infty), \quad +\infty - (+\infty), \quad 0\cdot(\pm\infty), \quad \frac{\pm\infty}{\pm\infty}, \quad \frac{0}{0}$$

などの形でなければ, $A = \pm\infty$ などのときも, 下の例のように右辺が適切に解釈されるときは定理が成り立つ. 例：

$$5 - \infty = -\infty, \quad \frac{5}{+0} = +\infty, \quad \frac{5}{+\infty} = 0.$$

> **定理 1.2** $\lim_{x \to a} f(x) = A$, $\lim_{x \to a} g(x) = B$ とする.
> (1) $f(x) \leqq g(x) \implies A \leqq B$.
> (2) $A = B$, $f(x) \leqq h(x) \leqq g(x) \implies \lim_{x \to a} h(x) = A$.

注意 1.4 片側極限についても同様の性質がある.

1.2 連続関数

区間 I で定義された関数 $y = f(x)$ について, $a \in I$ において,

$$\lim_{\substack{x \to a \\ x \in I}} f(x) = f(a)$$

が成立するとき, $f(x)$ は $x = a$ で**連続**であるという.

I の各点で $f(x)$ が連続であるとき, $f(x)$ は I 上で**連続**であるという.

I で定義された関数 $f(x)$ の値域を $f(I)$ で表す.

$$f(I) = \{f(x) \mid x \in I\}.$$

> **定理 1.3** $f(x)$, $g(x)$ が $x = a$ で連続とする.
> (1) $f(x) \pm g(x)$, $f(x)g(x)$ も $x = a$ で連続.
> (2) $g(a) \neq 0$ ならば, $x = a$ の近傍で $g(x) \neq 0$ で, $\dfrac{f(x)}{g(x)}$ も $x = a$ で連続.

> **定理 1.4** 連続関数 $f(x)$, $g(x)$ の合成関数 $g \circ f(x) = g(f(x))$ は連続である.

1.2 連続関数

定理 1.5 (中間値の定理) $f(x)$ が区間 I で連続ならば，$a, b \in I$ のとき，$f(a)$ と $f(b)$ の任意の中間値 M ($f(a) \leqq M \leqq f(b)$，または $f(a) \geqq M \geqq f(b)$) に対して，
$$f(c) = M \quad (c \in I)$$
となる c が存在する．したがって，$f(I)$ も区間である．

定理 1.6 (最大値・最小値の定理) $f(x)$ が有限閉区間 I で連続ならば，$f(x)$ は I で最大値 ($=M$) と最小値 ($=m$) をもち，$f(I) = [m, M]$ となる．

逆関数

関数 $f(x)$ が条件
$$x_1 < x_2 \implies f(x_1) < f(x_2) \,[\,\text{または}\, f(x_1) > f(x_2)\,]$$
を満たすとき，**単調増加** [または **単調減少**] であるという．これらを (強い意味の) **単調関数**という．

定理 1.7 (逆関数の定理) 区間 I 上の連続な単調関数 $f(x)$ について，$J = f(I)$ をその値域とすると，逆関数 $f^{-1} : J \to I$ が定まり，f^{-1} も連続な単調関数である．

注意 1.5 $f : I \to J$ $(y = f(x))$ と $g : J \to I$ $(x = g(y))$ が互いに逆関数であることは
$$g(f(x)) = x \quad (x \in I), \qquad f(g(y)) = y \quad (y \in J)$$
が恒等的に成り立つことと同じである．あるいは
$$y = f(x) \iff x = g(y) \quad (x \in I, y \in J)$$
が成り立つことといってもよい．

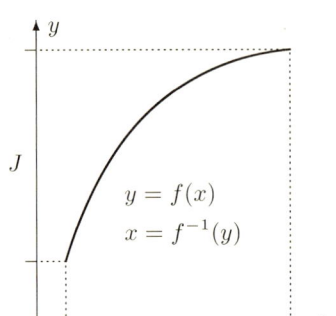
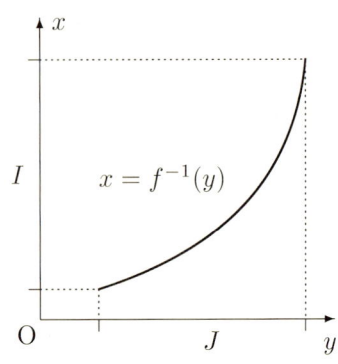

1.3 導関数

開区間 I で定義された関数 $y = f(x)$ が $x = a (\in I)$ で**微分可能**であるとは，
$$\lim_{\Delta x \to 0} \frac{\Delta y}{\Delta x} = \lim_{\Delta x \to 0} \frac{\Delta f}{\Delta x} = \lim_{h \to 0} \frac{f(a+h) - f(a)}{h} = \lim_{x \to a} \frac{f(x) - f(a)}{x - a}$$
が存在して，有限値になることをいう．この極限を $x = a$ での**微分係数**といい，$\dfrac{d f}{dx}(a)$, $f'(a)$ などで表す．I の各点で微分可能なとき I 上微分可能といい，このとき I 上の関数 $f'(x)$ を**導関数**という．

> **定理 1.8** $f(x)$ が $x = a$ で微分可能ならば，そこで連続である．

注意 1.6 この定理の逆は成立しない．たとえば，$f(x) = |x|$, $\sqrt{|x|}$ などは $x = 0$ で連続であるが微分可能ではない．

関数の 1 次関数による近似

微分可能性を言い換えると，$f'(a) = A$ であることは，
$$\lim_{x \to a} \frac{f(x) - \{A(x-a) + f(a)\}}{x - a} = 0 \tag{1.1}$$
であることと同じである．これは関数 $f(x)$ が 1 次関数 $A(x-a) + f(a)$ によって近似されていることを示している．グラフで言い直せば，曲線 $y = f(x)$ が点 $(a, f(a))$ の近傍では直線 $y = A(x - a) + f(a)$ で近似される（y 軸と平行でない**接線**が存在する）ことを示している．

定理 1.9 $y = f(x)$ が $x = a$ で微分可能であるための必要十分条件は
$$f(x) = A(x-a) + f(a) + \varepsilon, \quad \lim_{x \to a} \frac{\varepsilon}{x-a} = 0 \qquad (1.2)$$
となる定数 A が存在することである．このとき，$A = f'(a)$ で，曲線 $y = f(x)$ は $x = a$ で接線が存在し，**接線の方程式**は，
$$y = f'(a)(x-a) + f(a)$$
である．

注意 1.7 定理の前半は次のように表すことができる：
$$\text{微分可能で } A = \frac{dy}{dx}(a) \iff \begin{cases} \Delta y = (A+\varepsilon)\Delta x, \\ \lim_{\Delta x \to 0} \varepsilon = 0 \end{cases}$$

定理 1.10 $f(x), g(x)$ は微分可能とする．
(1) $\bigl(f(x) \pm g(x)\bigr)' = f'(x) \pm g'(x)$.
(2) $\bigl(f(x)g(x)\bigr)' = f'(x)g(x) + f(x)g'(x)$.
(3) $\left(\dfrac{f(x)}{g(x)}\right)' = \dfrac{f'(x)g(x) - f(x)g'(x)}{g(x)^2} \quad (g(x) \neq 0)$.

高次導関数

$f(x)$ が微分可能で，その導関数 $f'(x)$ も微分可能であるとき，$f'(x)$ の導関数 $\bigl(f'(x)\bigr)'$ を $f(x)$ の**第 2 次導関数**または**第 2 階導関数**といい，
$$f''(x), \quad f^{(2)}(x), \quad \frac{d^2 f}{dx^2}$$
などで表す．n 回微分可能であるとき，$f(x)$ を n 回微分して得られる導関数を $f(x)$ の**第 n 次導関数**または**第 n 階導関数**といい，
$$f^{(n)}(x), \quad \frac{d^n f}{dx^n}$$
などで表す．なお，$f^{(0)}(x) = f(x)$ とする．

注意 1.8 $f(x)$ が各点で微分可能であるとき,$f'(x)$ は連続であるとは限らない.たとえば,
$$f(x) = x^2 \sin \frac{1}{x} \ (x \neq 0), \quad f(0) = 0$$
とすると,$f(x)$ は各点で微分可能であるが,$f'(x)$ は $x = 0$ で不連続である.

区間 I 上の関数 $f(x)$ が(少なくとも)n 回微分可能で,n 次導関数 $f^{(n)}(x)$ が I で連続であるとき,$f(x)$ は I で(少なくとも)**C^n 級関数**であるという.C^0 級関数は連続関数のことである.また,何回でも微分可能な関数は **C^∞ 級関数**であるという.これらは関数の滑らかさの度合を表す.

1.4 合成関数と逆関数の微分

合成関数の微分

> **定理 1.11** $y = f(x)$, $x = g(t)$ がともに微分可能ならば,合成関数 $y = (f \circ g)(t) = f(g(t))$ も微分可能で,
> $$\frac{dy}{dt} = \frac{dy}{dx} \cdot \frac{dx}{dt}, \qquad \frac{d}{dt}(f(g(x)) = f'(g(t))g'(t).$$

証明 $t = c$ のとき $a = g(c)$, $B = g'(c)$, $A = f'(a)$ とおくと,
$$\Delta y = (A + \varepsilon_1)\Delta x, \quad \lim_{\Delta x \to 0} \varepsilon_1 = 0, \quad \Delta x = (B + \varepsilon_2)\Delta t, \quad \lim_{\Delta t \to 0} \varepsilon_2 = 0$$
$$\therefore \Delta y = (A + \varepsilon_1)(B + \varepsilon_2)\Delta t = (AB + \rho)\Delta t$$
ここで,$\rho = A\varepsilon_2 + B\varepsilon_1 + \varepsilon_1\varepsilon_2$ である.$\rho \to 0 \, (\Delta t \to 0)$ を示せばよい.$\Delta t \to 0 \Longrightarrow \Delta x \to 0$ であるから,
$$\Delta t \to 0 \Longrightarrow \varepsilon_1 \to 0, \varepsilon_2 \to 0 \Longrightarrow \rho \to 0$$

逆関数の微分

定理 1.12 区間 I 上の微分可能な単調関数 $y = f(x)$, $f : I \to J$ が $f'(a) \neq 0$ であるとき,f の逆関数 $x = g(y)$, $g = f^{-1} : J \to I$ は $y = b$ で微分可能で,
$$\frac{dx}{dy} = \frac{1}{\dfrac{dy}{dx}}, \qquad g'(b) = \frac{1}{f'(a)}$$

証明 $y = f(x) \iff x = g(y)$ であるから,xy 平面で両者のグラフは一致する.点 (a, b) での接線の方程式は,$b = f(a)$, $a = g(b)$ に注意すると,
$$y = f'(a)(x - a) + f(a), \quad \text{すなわち} \quad x = \frac{1}{f'(a)}(y - b) + g(b)$$
これは $g'(b) = 1/f'(a)$ を意味する. ∎

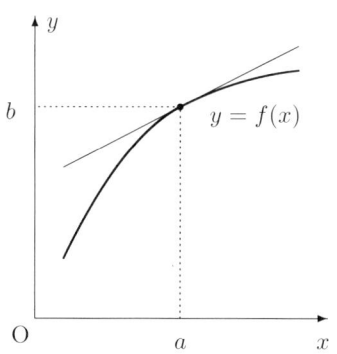
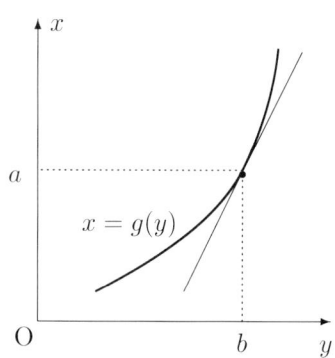

助変数表示

助変数 (媒介変数 parameter) t を用いて表される平面曲線
$$C : x = x(t), \; y = y(t) \quad (t \in I)$$
は,点 $P(t) = (x(t), y(t))$ の軌跡として得られる.$x(t), y(t)$ がともに微分可能であるとき,ベクトル $P'(t) = \begin{bmatrix} x'(t) \\ y'(t) \end{bmatrix}$ は (零ベクトルでなければ) $P(t)$ における C の接線方向のベクトル (**接ベクトル**) である.したがって,$x'(t) \neq 0$

ならば，接線の傾きは $\dfrac{y'(t)}{x'(t)}$ となる．このことは y が x の関数と見なされるとき

$$\dfrac{dy}{dx} = \dfrac{\dfrac{dy}{dt}}{\dfrac{dx}{dt}} \quad \left(\dfrac{dx}{dt} \neq 0\right)$$

であることを意味する．

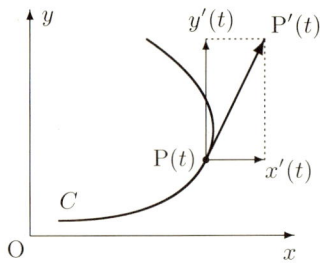

点の運動と速度

曲線 $C : x = x(t), y = y(t)$ は，t が時間であるとき，点 $\mathrm{P}(t)$ は時間とともに変化する．すなわち平面内の点の運動を表す．このときベクトル $\boldsymbol{v}(t) = \mathrm{P}'(t)$ は時刻 t での**速度**である．したがって，**速さ**（速度の大きさ）$v(t)$ は

$$v(t) = \sqrt{(x'(t))^2 + (y'(t))^2}$$

となる．空間における点の運動についても 3 次元ベクトル（空間ベクトル）を用いて同様の議論が成り立つ．

1.5 初等関数

多項式（整式），3 角関数，指数関数，対数関数とそれらの逆関数，およびこれらの関数の有限回の合成関数を作る操作を施して得られる関数を**初等関数**という．

1.5.1　3角関数

xy 平面において，原点を中心とする半径 1 の円上を反時計方向に点 $P = P(t)$ が速度 1 で等速円運動をしているとする．$P(0) = (1, 0)$ であるとき，

$$P(t) = (\cos t, \sin t)$$

によって $\sin t$ と $\cos t$ が定義される．$P(0)$ から $P(t)$ に至る弧の長さは t に等しい．長さが θ の弧に対する中心角を θ とする角の表し方を**弧度法**（単位名 **radian**）という．以下，3角関数の変数は弧度法を用い，単位名は省略する．

$$-\frac{\pi}{2} = -90°, \quad \frac{\pi}{6} = 30°, \quad \frac{\pi}{4} = 45°, \quad \frac{\pi}{3} = 60°, \quad \frac{\pi}{2} = 90°,$$

$$\boldsymbol{\pi = 180°}, \quad \frac{3}{2}\pi = 270°, \quad 2\pi = 360°, \quad 3\pi = 540°, \quad \ldots$$

P は時間 2π で円を 1 周するから，$\sin t$, $\cos t$ は周期 2π の周期関数である．

$$\sin(t + 2\pi) = \sin t, \quad \cos(t + 2\pi) = \cos t.$$

3角関数は $\sin x$, $\cos x$, $\tan x = \dfrac{\sin x}{\cos x}$ のほかに

$$\boldsymbol{\operatorname{cosec} x} = \frac{1}{\sin x}, \quad \boldsymbol{\operatorname{sec} x} = \frac{1}{\cos x}, \quad \boldsymbol{\operatorname{cot} x} = \frac{\cos x}{\sin x} = \frac{1}{\tan x}$$

なども用いられる．

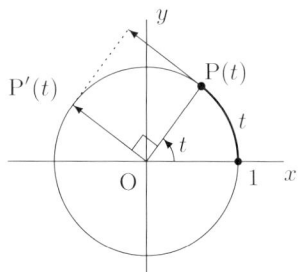

図 1.1　$P(t) = (\cos t, \sin t)$

$P(t)$ は速度 1 の等速円運動であることから，その速度ベクトル $P'(t)$ は円の接ベクトルで大きさは 1 に等しい．したがって，$\overrightarrow{OP}$ を $+\dfrac{\pi}{2}$ だけ回転したも

のに等しい：
$$P'(t) = \begin{bmatrix} (\cos t)' \\ (\sin t)' \end{bmatrix} = \begin{bmatrix} \cos\left(t + \dfrac{\pi}{2}\right) \\ \sin\left(t + \dfrac{\pi}{2}\right) \end{bmatrix} = \begin{bmatrix} -\sin t \\ \cos t \end{bmatrix}$$

すなわち，
$$(\sin x)' = \cos x, \quad (\cos x)' = -\sin x.$$

また，これより
$$(\tan x)' = \frac{1}{\cos^2 x} = \sec^2 x.$$

公式
$$\sin^2 x + \cos^2 x = 1$$
$$1 + \tan^2 x = \frac{1}{\cos^2 x} = \sec^2 x$$

[加法定理] $\sin(x \pm y) = \sin x \cos y \pm \cos x \sin y$

$\cos(x \pm y) = \cos x \cos y \mp \sin x \sin y$

$\tan(x \pm y) = \dfrac{\tan x \pm \tan y}{1 \mp \tan x \tan y}$

[倍角公式] $\sin(2x) = 2\sin x \cos x$

$\cos(2x) = \cos^2 x - \sin^2 x = 2\cos^2 x - 1 = 1 - 2\sin^2 x$

[半角公式] $\cos^2 \dfrac{x}{2} = \dfrac{1 + \cos x}{2}, \quad \sin^2 \dfrac{x}{2} = \dfrac{1 - \cos x}{2}$

1.5.2 逆3角関数

3角関数の逆関数を考えるために，定義域を単調増加あるいは減少関数となる範囲に制限する．$\sin x$ は $-\dfrac{\pi}{2} \leqq x \leqq \dfrac{\pi}{2}$ で単調増加，$\cos x$ は $0 \leqq x \leqq \pi$ で単調減少，$\tan x$ は $-\dfrac{\pi}{2} < x < \dfrac{\pi}{2}$ で単調増加である．これらの逆関数をそれぞれ

$$\text{arcsin, arccos, arctan} \quad \text{または} \quad \sin^{-1}, \cos^{-1}, \tan^{-1}$$

と書き，arc sine, arc cosine, arc tangent と呼ぶ．

$\sin^{-1} x$ は $\dfrac{1}{\sin x}$ と紛らわしいので，本書では以下，記号 **arc**— を用いる．
逆 3 角関数の定義は次のようになる．

$y = \arcsin x \qquad (|x| \leqq 1) \iff x = \sin y, \quad -\dfrac{\pi}{2} \leqq y \leqq \dfrac{\pi}{2}$

$y = \arccos x \qquad (|x| \leqq 1) \iff x = \cos y, \quad 0 \leqq y \leqq \pi$

$y = \arctan x \qquad (|x| < +\infty) \iff x = \tan y, \quad -\dfrac{\pi}{2} < y < \dfrac{\pi}{2}$

例 1.2 (1) $\arcsin\left(-\dfrac{1}{2}\right) = -\dfrac{\pi}{6}$ (2) $\arctan 1 = \dfrac{\pi}{4}$
(3) $\displaystyle\lim_{x \to +\infty} \arctan x = \dfrac{\pi}{2}$

微分公式

(1) $\bigl(\arcsin x\bigr)' = \dfrac{1}{\sqrt{1-x^2}}$ $\qquad (|x| < 1),$

(2) $\bigl(\arccos x\bigr)' = -\dfrac{1}{\sqrt{1-x^2}}$ $\qquad (|x| < 1),$

(3) $\bigl(\arctan x\bigr)' = \dfrac{1}{1+x^2}$ $\qquad (-\infty < x < +\infty).$

証明 (1) $y = \arcsin x$ とすると，$x = \sin y, -\dfrac{\pi}{2} < y < \dfrac{\pi}{2}$ である．この範囲では $\cos y > 0$ であることに注意して，

$$\dfrac{dy}{dx} = \dfrac{1}{\dfrac{dx}{dy}} = \dfrac{1}{\cos y} = \dfrac{1}{\sqrt{1 - \sin^2 y}} = \dfrac{1}{\sqrt{1-x^2}}.$$

(2), (3) も同様．

1.5.3 対数関数，指数関数

$0 < a\ (a \neq 1)$ を底とする対数関数 $f(x) = \log_a x\ (x > 0)$ の導関数は，

$$f'(x) = \lim_{h \to 0} \dfrac{\log_a(x+h) - \log_a x}{h} = \lim_{h \to 0} \dfrac{1}{x} \log_a \left(1 + \dfrac{h}{x}\right)^{\frac{x}{h}}$$

より，

$$f'(x) = \dfrac{1}{x} \log_a \left(\lim_{t \to 0}(1+t)^{1/t}\right) \qquad \left(t = \dfrac{h}{x}\right)$$

となる．
$$e = \lim_{t \to 0}(1+t)^{1/t} = 2.718281828459045\cdots$$
とおく．e を **Napier数** という．
$$(\log_a x)' = \frac{1}{x}\log_a e = \frac{1}{x\log_e a}$$

Napier数を底とする対数を**自然対数**という．底を略して $\log x$ と書く（$\ln x$ と書くこともある）：$\log x = \ln x = \log_e x$．

$$\boxed{(\log|x|)' = \frac{1}{x}}, \quad (\log_a|x|)' = \frac{1}{x\log a}. \tag{1.3}$$

問 1.1 $x < 0$ のとき，(1.3) を確かめよ．

$y = e^x$ のとき $\log y = x$ を微分すれば，
$$\frac{y'}{y} = 1 \quad \therefore \quad y' = y \quad \boxed{(e^x)' = e^x}.$$
指数関数 e^x を $\exp x$ とも書く：$\exp x = e^x$．

問 1.2 $(a^x)' = a^x \log a$ を示せ $(a > 0)$．

a を定数とするとき，$y = x^a \ (x > 0)$ に対して $\log y = a\log x$ を微分すれば，
$$\frac{y'}{y} = \frac{a}{x} \quad \therefore \quad y' = \frac{a}{x}y \quad \boxed{(x^a)' = ax^{a-1}}.$$
この公式は，$a \geqq 1$ ならば $x = 0$ でも正しい（ただし，$x = 0$ のときも $x^0 = 1$ とする）．また，a が有理数 $a = \dfrac{n}{m}$ (m, n：整数 $(m > 0)$) のとき，$y = \sqrt[m]{x^n}$ であるが，m が奇数のときは $x < 0$ でも成り立つ．

例 1.3 $a = \dfrac{1}{2}$：$(\sqrt{x})' = \dfrac{1}{2\sqrt{x}}$

$\log y$ の微分から y' を求める方法を**対数微分法**という．

問 **1.3** 対数微分法により $\left(x^x\right)'$, $\left((\cos x)^{\sin x}\right)'$ を求めよ.

1.5.4 双曲線関数*

$$\sinh x = \frac{e^x - e^{-x}}{2}, \quad \cosh x = \frac{e^x + e^{-x}}{2}, \quad \tanh x = \frac{\sinh x}{\cosh x}$$

で定義された関数を，**双曲線関数**という．それぞれ

hyperbolic sine, hyperbolic cosine, hyperbolic tangent

という．また，

$$\operatorname{cosech} x = \frac{1}{\sinh x} \quad \operatorname{sech} x = \frac{1}{\cosh x}, \quad \coth x = \frac{\cosh x}{\sinh x}$$

なども用いられる．

公式：

$$\cosh^2 x - \sinh^2 x = 1, \tag{1.4}$$

$$(\sinh x)' = \cosh x, \quad (\cosh x)' = \sinh x. \tag{1.5}$$

注意 1.9 双曲線関数は 3 角関数と多くの類似点をもつ．たとえば，Euler の公式 (5.11) (p. 118):

$$\cos x = \frac{e^{ix} + e^{-ix}}{2}, \quad \sin x = \frac{e^{ix} - e^{-ix}}{2i}.$$

また，(1.4) より，点 $\mathrm{P}(t) = (\cosh t, \sinh t)$ は，双曲線 $x^2 - y^2 = 1$ 上を動くことに注意．

問 **1.4** 公式 (1.4), (1.5) を確かめよ.

1.6 平均値の定理，Taylor の定理

1.6.1 平均値の定理

定理 1.13 (Rolle) $f(x)$ は $[a,b]$ で連続，(a,b) で微分可能で，$f(a)=f(b)$ であるとき，$f'(c)=0$ を満たす $c \in (a,b)$ が存在する．

定理 1.14 (平均値の定理) $f(x)$ は $[a,b]$ で連続，(a,b) で微分可能であるとき，
$$\frac{f(b)-f(a)}{b-a} = f'(c) \tag{1.6}$$
を満たす $c \in (a,b)$ が存在する．

この定理を **Lagrange** の平均値の定理ともいう．

定理 1.15 (Cauchy の平均値の定理) $x=g(t), y=f(t)$ は $[a,b]$ で連続，(a,b) で微分可能であるとき，
$$\bigl(f(b)-f(a)\bigr) : \bigl(g(b)-g(a)\bigr) = f'(c) : g'(c)$$
すなわち，
$$\bigl(f(b)-f(a)\bigr)g'(c) = \bigl(g(b)-g(a)\bigr)f'(c) \tag{1.7}$$
を満たす $c \in (a,b)$ が存在する．

注意 1.10 (1.7) は，$g'(x) \neq 0, g(a) \neq g(b)$ であれば，
$$\frac{f(b)-f(a)}{g(b)-g(a)} = \frac{f'(c)}{g'(c)}$$
と書き直すことができる．

注意 1.11 平均値の定理は Cauchy の平均値の定理の特別な場合（ $g(t)=t$ ）である．また，Rolle の定理は平均値の定理の特別な場合であるが，
$$F(t) = \bigl(f(b)-f(a)\bigr)g(t) - \bigl(g(b)-g(a)\bigr)f(t)$$

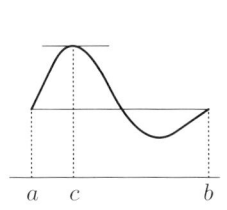
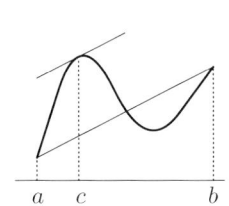
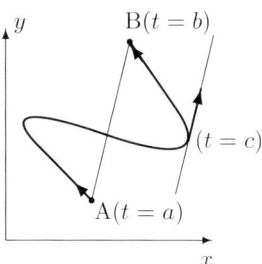

図 1.2　Rolle の定理　　図 1.3　平均値の定理　　図 1.4　Cauchy の平均値の定理

に Rolle の定理を適用すれば Cauchy の平均値の定理が得られるので，3 つは同等の定理である．

注意 1.12　(1.14) および (1.7) は a, b に関して対称であるから，これらは $a > b$ でも成り立つ（ただし，$a > c > b$）．$a \neq b$ に対して，$c = a + \theta(b - a)$ とするとき，
$$a \lessgtr c \lessgtr b \quad (a < c < b \text{ または } a > c > b \text{ の意味}) \iff 0 < \theta < 1.$$
したがって，平均値の定理の結論は
$$\exists \theta;\ f(b) = f(a) + f'(a + \theta(b-a))(b-a) \quad (0 < \theta < 1)$$
あるいは，$h = b - a$ とおくと，
$$\exists \theta;\ \boldsymbol{f(a+h) = f(a) + f'(a+\theta h)\,h} \quad (0 < \theta < 1) \tag{1.8}$$
とも書くことができる（$h = 0$ でもよい）．ただし，$\exists \theta$ は「以下の条件を満たす θ が存在する」の意味である．

1.6.2　不定形の極限

定理 1.16 (L'Hospital)　$f(x), g(x)$ が微分可能で，
$$\lim_{x \to \alpha} f(x) = \lim_{x \to \alpha} g(x) = 0,\ \text{または}\ +\infty$$
であるとき，すなわち
$$\lim_{x \to \alpha} \frac{f(x)}{g(x)} = \frac{0}{0},\ \text{または}\ \frac{\pm\infty}{\pm\infty}$$
の形であるとき，
$$\lim_{x \to \alpha} \frac{f(x)}{g(x)} = \lim_{x \to \alpha} \frac{f'(x)}{g'(x)}$$
において，右辺が存在すれば，左辺も存在して等号が成り立つ．

注意 1.13 定理は $\alpha = a+0, a-0$ など片側極限の場合，あるいは $\alpha = +\infty, -\infty$ の場合にも成立する．

証明* $\alpha = a+0$, $\dfrac{0}{0}$ 型 の場合だけを示す．$f(a) = g(a) = 0$ より，Cauchy の平均値の定理（定理 1.15）を用いれば，

$$\frac{f(x)}{g(x)} = \frac{f(x) - f(a)}{g(x) - g(a)} = \frac{f'(c)}{g'(c)}$$

なる $c \in (a, x)$ が存在する．$x \to a+0$ とすると，$c \to a+0$ となるので，

$$\lim_{x \to a+0} \frac{f(x)}{g(x)} = \lim_{c \to a+0} \frac{f'(c)}{g'(c)} = \lim_{x \to a+0} \frac{f'(x)}{g'(x)}$$

が成立する．

例 1.4 $\displaystyle\lim_{x \to +\infty} \frac{x + \sin x}{x} = \lim_{x \to +\infty} \left(1 + \frac{\sin x}{x}\right) = 1$ である．
最初の極限は $\dfrac{+\infty}{+\infty}$ 型 であるから，L'Hospital の定理を用いようとすると，

$$\lim_{x \to +\infty} \frac{(x + \sin x)'}{(x)'} = \lim_{x \to +\infty} \frac{1 + \cos x}{1}$$

これは極限が存在しない．ゆえにこの例には L'Hospital の定理を適用できない．

例 1.5 $\displaystyle\lim_{x \to 0} \frac{x - \log(x+1)}{e^x - x - 1}$ を求めよ．

解 これは $\dfrac{0}{0}$ 型 である．

$$f(x) = x - \log(x+1), \quad g(x) = e^x - x - 1$$

とおくと，$x \to 0$ のとき

$$\frac{f'(x)}{g'(x)} = \frac{1 - \dfrac{1}{x+1}}{e^x - 1} \to \frac{0}{0}, \quad \frac{f''(x)}{g''(x)} = \frac{\dfrac{1}{(x+1)^2}}{e^x} \to \frac{1}{1} = 1.$$

よって，L'Hospital の定理を 2 度用いて $((1) \Longrightarrow (2), (2) \Longrightarrow (3))$，

$$\lim_{x \to 0} \frac{f(x)}{g(x)} \underset{(3)}{\left[\tfrac{0}{0}\right]=} \lim_{x \to 0} \frac{f'(x)}{g'(x)} \underset{(2)}{\left[\tfrac{0}{0}\right]=} \lim_{x \to 0} \frac{f''(x)}{g''(x)} \underset{(1)}{=} 1.$$

注意 1.14 この例のように L'Hospital の定理を繰り返し使う場合，等式が逆順に確立していくことに注意せよ．したがって，最後の極限（上の例では等号 (1)）が確定しないときはその左側の等式はどれも成立しないかもしれない．

注意 1.15 L'Hospital の定理を繰り返し使う場合，途中の極限の計算は適宜工夫するのがよい．上の例では，$\dfrac{f'(x)}{g'(x)} = \dfrac{x}{(x+1)(e^x-1)}$ であるから，

$$\lim_{x\to 0}\frac{f'(x)}{g'(x)} = \lim_{x\to 0}\frac{1}{x+1} \cdot \lim_{x\to 0}\frac{x}{e^x-1} = 1 \cdot 1 = 1$$

$$\therefore \lim_{x\to 0}\frac{x}{e^x-1} \left[\frac{0}{0}\right] \underset{[\text{L'H.}]}{=} \lim_{x\to 0}\frac{(x)'}{(e^x-1)'} = \lim_{x\to 0}\frac{1}{e^x} = 1$$

L'Hospital の定理は数列の極限にも適用できることがある．

例 1.6 $\displaystyle\lim_{n\to\infty} \sqrt[n]{n} = 1$ を示す．対数を考えて，

$$\lim_{x\to+\infty} \log(x^{1/x}) = \lim_{x\to+\infty}\frac{\log x}{x} \left[\frac{\pm\infty}{+\infty}\right] \underset{[\text{L'H.}]}{=} \lim_{x\to+\infty}\frac{(\log x)'}{(x)'} = \lim_{x\to+\infty}\frac{1}{x} = 0,$$

$$\therefore \lim_{x\to+\infty} x^{1/x} = e^0 = 1, \quad \therefore \lim_{n\to\infty} n^{1/n} = 1.$$

問 1.5 次の極限を求めよ．

(1) $\displaystyle\lim_{x\to 0}\frac{x^2 - 2 + 2\cos x}{x^4}$

(2) $\displaystyle\lim_{x\to+\infty}\frac{\log(x+\log x)}{\log(1+x^2)}$

(3) $\displaystyle\lim_{x\to 0}\left(\frac{1}{x} - \frac{1}{\tan x}\right)$

(4) $\displaystyle\lim_{x\to 0}\left(\frac{1}{x^2} - \frac{1}{x\tan x}\right)$

1.6.3 Taylor の定理

$f(x)$ を近似する 1 次関数 $T(x) = f'(a)(x-a) + f(a)$ は，性質：

$$T(a) = f(a), \quad T'(a) = f'(a)$$

を満たす 1 次関数として特徴づけられる．一般に，n 次多項式

$$T_n(x, f) = \sum_{k=0}^{n}\frac{f^{(k)}(a)}{k!}(x-a)^k \tag{1.9}$$

$$= f(a) + f'(a)(x-a) + \frac{f''(a)}{2!}(x-a)^2 + \cdots$$

$$+ \frac{f^{(n)}(a)}{n!}(x-a)^n$$

を考える．ここで，$n!$ は n の**階乗**である：

$$n! = 1 \cdot 2 \cdots n \ (n = 1, 2, 3, \ldots), \quad 0! = 1.$$

多項式 T_n は

$$T^{(k)}(a) = f^{(k)}(a) \quad (k = 0, 1, \ldots, n)$$

を満たす n 次多項式 $T(x)$ として特徴づけられる．

n 次多項式 $T_n(x, f)$ を $f(x)$ の**第 n 近似式**という．$f(x)$ との差

$$R_n(x, f) = f(x) - T_{n-1}(x, f)$$

を**剰余項**という．R_n の大きさを調べる手がかりとして Taylor の定理がある：

定理 1.17 (Taylor) 次の等式を満たす $\xi_i \ (i = 1, 2, 3, \ldots, n)$ が a と b の間に存在する．ただし，$f(x)$ は a, b を含む区間で n 回微分可能とする．

(1) $\quad f(b) = f(a) + f'(\xi_1)(b - a)$.

(2) $\quad f(b) = f(a) + f'(a)(b - a) + \dfrac{f''(\xi_2)}{2!}(b - a)^2$.

(3) $\quad f(b) = f(a) + f'(a)(b - a) + \dfrac{f''(a)}{2!}(b - a)^2 + \dfrac{f'''(\xi_3)}{3!}(b - a)^3$.

$$\vdots$$

(n) $\quad f(b) = \displaystyle\sum_{k=0}^{n-1} \dfrac{f^{(k)}(a)}{k!}(b - a)^k + \dfrac{f^{(n)}(\xi_n)}{n!}(b - a)^n$.

証明 (1) これは平均値の定理である．n に関する帰納法で証明する．$n \geqq 2$ に対して，

$$R_n(x, f) = f(x) - \sum_{k=0}^{n-1} \frac{f^{(k)}(a)}{k!}(x - a)^k, \quad G_n(x) = \frac{1}{n!}(x - a)^n$$

とおく．

$$\frac{d}{dx} R_n(x, f) = R_{n-1}(x, f'), \quad \frac{d}{dx} G_n(x) = G_{n-1}(x)$$

であることに注意すれば，Cauchy の平均値の定理より，

$$\frac{R_n(b,f)}{G_n(b)} = \frac{R_n(b,f) - R_n(a,f)}{G_n(b) - G_n(a)} = \frac{R_n{}'(\xi,f)}{G_n'(\xi)} = \frac{R_{n-1}(\xi,f')}{G_{n-1}(\xi)}$$

なる ξ $(a \leqq \xi \leqq b)$ が存在する．(f, n) に対する Taylor の定理は $(f', n-1)$ に対する Taylor の定理に帰着する．

注意 1.16 Taylor の定理は剰余項が

$$R_n = \frac{f^{(n)}(\xi)}{n!}(b-a)^n \quad (a \leqq \xi \leqq b) \tag{1.10}$$

と表されることを意味する．これ以外にも他の形の剰余項の表示が知られている（p. 110, 定理 5.1）．(1.10) を **Lagrange の剰余項** という．

1.6.4 関数の増減，極値

平均値の定理より次の定理が得られる．

定理 1.18 $f(x)$ が区間 I で微分可能であるとき，

(1) $f'(x) > 0$ $(x \in I)$ $\implies$ $f(x)$ は I で増加である．

(2) $f'(x) < 0$ $(x \in I)$ $\implies$ $f(x)$ は I で減少である．

(3) $f'(x) = 0$ $(x \in I)$ $\implies$ $f(x)$ は I で定数である．

考える関数は必要な階数だけ微分可能であるとする．接線の傾きの増減より：

定理 1.19

(1) $f''(x) > 0$ $(x \in I)$ $\implies$ $f(x)$ は I で下に凸である．

(2) $f''(x) < 0$ $(x \in I)$ $\implies$ $f(x)$ は I で上に凸である．

> **定理 1.20** f は $x=a$ を含むある開区間で C^2 級関数で $f'(a)=0$ であるとき,
> (1) $f''(a)>0 \implies f(a)$ は極小値である.
> (2) $f''(a)<0 \implies f(a)$ は極大値である.

$f'(a)=0$ であるとき,$x=a$ を $f(x)$ の**停留点**または**臨界点**という.極値をとる点は(そこで微分可能ならば)停留点である.

参考 Taylor の定理より関数を2次関数(第2近似式)で近似して
$$f(x) \fallingdotseq f(a) + f'(a)(x-a) + \frac{f''(a)}{2!}(x-a)^2.$$

したがって,曲線 $y=f(x)$ の $x=a$ の近傍での湾曲の状況は放物線 $y = f(a) + f'(a)(x-a) + \frac{f''(a)}{2!}(x-a)^2$ と同様である.とくに,$f''(a)>0$ ならば下に凸,$f''(a)<0$ ならば上に凸であることはこのことからもわかる.同様に,第 n 近似式を用いることにより,次の定理が得られる.

> **定理 1.21** $n \geqq 2$ とする.
> $$f'(a) = f''(a) = \cdots = f^{(n-1)}(a) = 0,\ f^{(n)}(a) \neq 0$$
> であるとき,
> (1) n が偶数のとき,
> $f^{(n)}(a)>0$ ならば,$f(a)$ は極小値である.
> $f^{(n)}(a)<0$ ならば,$f(a)$ は極大値である.
> (2) n が奇数ならば,$f(a)$ は極値ではない.

例 1.7 $f(x) = e^x(x^2 - 4x + 1)$ の極値を求めよ.

解 $f'(x) = e^x(x+1)(x-3)$ であるから,停留点は $x=-1, 3$ である.
$$f''(x) = e^x(x^2 - 5) \quad \therefore\ f''(-1) = -4e^{-1} < 0,\ f''(3) = 4e^3 > 0.$$
ゆえに,$x=-1$ のとき,極大値 $f(-1) = 6e^{-1}$,$x=3$ のとき,極小値 $f(3) = -2e^3$ をとる.

あるいは，増減表を用いてもよい：

x	$\cdots$	-1	$\cdots$	3	$\cdots$
$f'(x)$	$+$	0	$-$	0	$+$
$f(x)$	↗	$6e^{-1}$ 極大	↘	$-2e^3$ 極小	↗

問 1.6 $f(x) = 2x^3 + 3x^2 - 12x + 1$ の極値を求めよ．

練習問題 1

1.1 次の関数の連続性を調べよ．

(1) $f(x) = \begin{cases} \sin\dfrac{1}{x} & (x \neq 0) \\ 0 & (x = 0) \end{cases}$
(2) $f(x) = \begin{cases} x\sin\dfrac{1}{x} & (x \neq 0) \\ 0 & (x = 0) \end{cases}$

1.2 次を示せ．

(1) $\sinh(x+y) = \sinh x \cosh y + \cosh x \sinh y$

(2) $\cosh(x+y) = \cosh x \cosh y + \sinh x \sinh y$

(3) $\tanh(x+y) = \dfrac{\tanh x + \tanh y}{1 + \tanh x \tanh y}$

(4) $\operatorname{arcsinh} x = \log(x + \sqrt{x^2 + 1})$ ここで arcsinh は sinh の逆関数である．

(5) cosh の定義域を $[0, +\infty)$ に制限してその逆関数 arccosh を考えると，その定義域は $[1, +\infty)$ で $\operatorname{arccosh} x = \log(x + \sqrt{x^2 - 1})$．

1.3 次を示せ．

(1) $(\tan x)' = \sec^2 x$

(2) $(\operatorname{cosec} x)' = -\operatorname{cosec} x \cot x$

(3) $(\sec x)' = \sec x \tan x$

(4) $(\cot x)' = -\operatorname{cosec}^2 x$

(5) $(\tanh x)' = \operatorname{sech}^2 x$

(6) $(\operatorname{cosech} x)' = -\operatorname{cosech} x \coth x$

(7) $(\operatorname{sech} x)' = -\operatorname{sech} x \tanh x$

(8) $(\coth x)' = -\operatorname{cosech}^2 x$

1.4 次を示せ．

(1) $(\arccos x)' = -\dfrac{1}{\sqrt{1-x^2}}$ $(|x|<1)$

(2) $(\arctan x)' = \dfrac{1}{1+x^2}$ $(-\infty < x < +\infty)$

1.5 次の関数と区間について，平均値の定理（定理 1.14）の c を求めよ．

(1) $f(x) = e^{-x}\cos x,\ \left[-\dfrac{\pi}{2}, \dfrac{\pi}{2}\right]$ (2) $f(x) = x\log x,\ [1, e^2]$

1.6 関数 $f(x) = x^n$, $g(x) = x^{n+1}$ と区間 $[0,a]$ について Cauchy の平均値の定理（定理 1.15）の c を求めよ．ただし，$n>0$, $a>0$ とする．

1.7 平均値の定理（定理 1.14）を注意 1.12 (1.8) のように書き直すとき，$f(x) = x^2$ に対して θ の値を求めよ．

1.8 $f(x)$ は $[a,b]$ で連続，(a,b) で微分可能で $f(a) = f(b) = 0$ ならば，任意の実数 k に対し，$f'(c) = kf(c)$ となる $c \in (a,b)$ が存在することを示せ．
［ヒント：$e^{-kx}f(x)$ に Rolle の定理（定理 1.13）を適用してみよ．］

1.9 極限値を求めよ．

(1) $\displaystyle\lim_{x\to 0}\dfrac{x-\sin x}{x^3}$ (2) $\displaystyle\lim_{x\to 0} x^x$

(3) $\displaystyle\lim_{x\to 0}\dfrac{x(1-\cos x)}{x-\sin x}$ (4) $\displaystyle\lim_{x\to\infty} x\left(\dfrac{\pi}{2}-\arctan x\right)$

(5) $\displaystyle\lim_{x\to 0}\dfrac{x-\log(1+x)}{x(e^x-1)}$ (6) $\displaystyle\lim_{x\to 1}\left(\dfrac{1}{x-1}-\dfrac{1}{\log x}\right)$

(7) $\displaystyle\lim_{x\to 0}\dfrac{x-\sin x}{x-\tan x}$ (8) $\displaystyle\lim_{x\to \pi/2}(\sin x)^{\tan x}$

1.10 (1) $y = 4x^5 - 5x^4 + 3$ の極値を求めよ．

(2) $y = x + \log(\cos x)$ $\left(|x| < \dfrac{\pi}{2}\right)$ の最大値を求めよ．

第2章

偏微分

2.1　2変数関数とその連続性

2変数関数 $z = f(x, y)$ において，変数 (x, y) が変化することは，xy 平面 $\mathbf{R}^2$ 上で点 $\mathrm{P}(x, y)$ がある領域 D 上を動くことで，領域 D を $f(x, y)$ の定義域という．$\mathrm{P}(x, y) \in D$ が動くとき，空間の点 $\mathrm{Q}(x, y, f(x, y))$ が描く曲面

$$\{(x, y, z) \mid z = f(x, y),\ (x, y) \in D\}$$

を $z = f(x, y)$ の**グラフ** (graph) という．

2点 $\mathrm{P}(x, y)$, $\mathrm{A}(a, b)$ の「差」はベクトル

$$\mathrm{P} - \mathrm{A} = \overrightarrow{\mathrm{AP}} = \begin{bmatrix} h \\ k \end{bmatrix} \quad (h = x - a,\ k = y - b)$$

によって与えられる．またこのベクトルの大きさは2点間の**距離**

$$\|\mathrm{P} - \mathrm{A}\| = \sqrt{h^2 + k^2} = \sqrt{(x-a)^2 + (y-b)^2}$$

に等しい．

極限

定点 A に対して，$\mathrm{P} \to \mathrm{A}$ とは，

$$\|\mathrm{P} - \mathrm{A}\| \to 0 \tag{2.1}$$

のことである．座標 $\mathrm{P}(x, y)$, $\mathrm{A}(a, b)$ を用いて表せば，

$$(x, y) \to (a, b) \iff \begin{cases} x \to a \\ y \to b \end{cases} \quad (\text{ただし},\ (x, y) \neq (a, b))$$

である．$A(a, b)$ に対して，

$$P \in D, \ P \to A \ (\text{すなわち} \ \|P - A\| \to 0) \implies f(P) \to \ell \qquad (2.2)$$

が成り立つとき，ℓ ($\pm\infty$ でもよい) を $P \to A$ のときの f の**極限**といい，

$$\lim_{P \to A} f(P), \quad \lim_{(x,y) \to (a,b)} f(x,y), \quad \text{または} \quad \lim_{\substack{x \to a \\ y \to b}} f(x,y)$$

などで表す．

注意 2.1 (2.2) において，$P \to A$ は定義からは，$\|P - A\| \to 0$ のことであって，点 P が点 A に曲線を描いて近づくというより，点 P の存在範囲：

$$U_r(A) = \{P \mid 0 < \|P - A\| \leqq r\} \quad (\text{中心 } A \text{ の円，中心を除く})$$

が $r \to 0$ によって1点 A に収縮していくことである．したがって，(2.2) は
「$r \to 0$ のとき，数直線において，値の集合 $f(U_r(A))$ が1点 ℓ に収縮する」
ことを意味している．

注意 2.2 $x = a + r\cos\theta, \ y = b + r\sin\theta$ とおいて，r と θ を変化させるとき，

$$(x, y) \to (a, b) \iff r \to 0$$

であることより，

$$\lim_{(x,y) \to (a,b)} f(x, y) = \ell \iff \lim_{r \to 0} f(a + r\cos\theta, b + r\sin\theta) = \ell.$$

このことは，θ（方向）には無関係で，r（距離）だけで極限が定まる場合を意味する．

例* 2.1 $f(x, y) = xy \cdot \dfrac{x^2 - y^2}{x^2 + y^2} \ ((x, y) \neq (0, 0))$ とする．

$$\left| \frac{x^2 - y^2}{x^2 + y^2} \right| \leqq \frac{x^2 + y^2}{x^2 + y^2} = 1 \quad \therefore \ |f(x, y)| \leqq |xy|.$$

したがって，$(x, y) \to (0, 0)$ のとき，

$$0 \leqq |f(x, y)| \leqq |xy| \to 0 \quad \therefore \ \lim_{(x,y) \to (0,0)} f(x, y) = 0.$$

あるいは，$x = r\cos\theta, \ y = r\sin\theta$ とおくと，

$$f(x, y) = r^2 \cos\theta \sin\theta \, (\cos^2\theta - \sin^2\theta)$$

$$\therefore \ \lim_{(x,y) \to (0,0)} f(x, y) = \lim_{r \to 0} f(x, y) = 0.$$

例* 2.2　$f(x,y) = \dfrac{x^3 + y^2}{x^2 + y^2}$ $((x,y) \neq (0,0))$ とする．$(x,y) \to (0,0)$ を考える．直線 $y = \lambda x$ （λ は定数）に沿って原点に近づく（$x \to 0$）と，
$$f(x,y) = f(x, \lambda x) = \dfrac{x + \lambda^2}{1 + \lambda^2} \to \dfrac{\lambda^2}{1 + \lambda^2} \quad ((x, \lambda x) \to (0,0)).$$
λ の値によって，f は異なる値に近づく．したがって，
$$\lim_{(x,y) \to (0,0)} f(x,y)$$
は存在しない．あるいは，$x = r\cos\theta, y = r\sin\theta$ とおくと，
$$\lim_{r \to 0} f(x,y) = \lim_{r \to 0}(r\cos^3\theta + \sin^2\theta) = \sin^2\theta$$
は θ に無関係な値ではないので極限は存在しない．

連続関数

D 上の関数 $f(x,y)$ が，$(a,b) \in D$ について
$$\lim_{(x,y) \to (a,b)} f(x,y) = f(a,b)$$
を満たすとき，点 (a,b) で**連続**であるという．D の各点で連続であるとき，D で連続であるという．

大抵の場合，通常の式で与えられる関数は，分母が 0 ではない点では連続である．

例* 2.3　$f(x,y) = \begin{cases} xy \cdot \dfrac{x^2 - y^2}{x^2 + y^2} & ((x,y) \neq (0,0)) \\ 0 & ((x,y) = (0,0)) \end{cases}$

は至る所連続である（例* 2.1）．

$$f(x,y) = \begin{cases} \dfrac{x^3 + y^2}{x^2 + y^2} & ((x,y) \neq (0,0)) \\ 0 & ((x,y) = (0,0)) \end{cases}$$

は $(x,y) = (0,0)$ で不連続である（例* 2.2）．

2.2　偏微分可能性と微分可能性

偏微分

2 変数関数 $z = f(x,y)$ について，y を定数とみなして変数 x の 1 変数関数 $\varphi(x) = f(x,y)$ を微分することを x に関して**偏微分**するといい，偏微分によっ

て得られる導関数 $\varphi'(x)$ を**偏導関数**という.

$$\frac{\partial z}{\partial x}, \quad \frac{\partial f}{\partial x}, \quad f_x, \quad f_x(x,y)$$

などで表す. 極限

$$\frac{\partial f}{\partial x}(a,b) = f_x(a,b) = \lim_{h \to 0} \frac{f(a+h,b) - f(a,b)}{h}$$

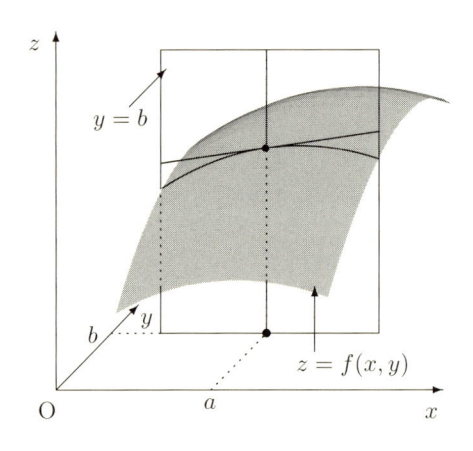

図 **2.1** $y = b$ での切り口

が存在して, 有限値になるとき, $f(x,y)$ は x に関して**偏微分可能**であるといい, この極限を $(x,y) = (a,b)$ における x に関する**偏微分係数**という. これは, 平面 $y = b$ による曲面 $z = f(x,y)$ の切り口として得られる xz 平面の曲線 $z = f(x,b)$ の $(x,z) = (a, f(a,b))$ における接線の傾きに等しい.

同様に, $f(x,y)$ について, x を固定して (x を定数とみなして) y で微分することを y に関して偏微分するといい, 偏導関数を

$$\frac{\partial z}{\partial y}, \quad \frac{\partial f}{\partial y}, \quad f_y, \quad f_y(x,y)$$

などで表す.

注意 2.3 n 変数関数 $f(x_1, \ldots, x_n)$ に対して, 1つの変数 x_i 以外の変数はすべて定数であるとみなして x_i で微分することを x_i に関して偏微分するという:

$$\frac{\partial f}{\partial x_i}, \quad f_{x_i} \quad f_{x_i}(x_1, \ldots, x_n).$$

例 2.4 (1) $f(x,y) = x^3y^2 + x^2 + x\sin y$ とすると,

$$\begin{cases} \dfrac{\partial f}{\partial x} = f_x(x,y) = 3x^2y^2 + 2x + \sin y \\ \dfrac{\partial f}{\partial y} = f_y(x,y) = 2x^3y + x\cos y \end{cases}$$

たとえば, $(x,y) = (1,0)$ での偏微分係数は $f_x(1,0) = 2, f_y(1,0) = 1$ である.

(2) $f(x,y,z) = x^3y^2z + x^2 + xz^2\sin y$ とすると,

$$\begin{cases} \dfrac{\partial f}{\partial x} = f_x(x,y,z) = 3x^2y^2z + 2x + z^2\sin y \\ \dfrac{\partial f}{\partial y} = f_y(x,y,z) = 2x^3yz + xz^2\cos y \\ \dfrac{\partial f}{\partial z} = f_z(x,y,z) = x^3y^2 + 2xz\sin y \end{cases}$$

問 2.1 次の関数を偏微分せよ.
(1) $f(x,y) = e^{x^2/y}$ 　　(2) $f(x,y) = \arctan\dfrac{y}{x}$

微分可能性

1 変数関数 $f(x)$ が $x = a$ で微分可能であるための必要十分条件は

$$f(x) \doteqdot A(x-a) + f(a)$$

正確には

$$f(x) = A(x-a) + f(a) + \varepsilon, \quad \lim_{x \to a} \frac{\varepsilon}{|x-a|} = 0 \tag{2.3}$$

を満たす 1 次関数 $A(x-a) + f(a)$ が存在することであった. また, このとき, 曲線 $y = f(x)$ の $(x,y) = (a, f(a))$ での接線は $y = A(x-a) + f(a)$ で, $A = f'(a)$ である. 2 変数関数の微分可能性も同様に定義する.

$f(x,y)$ が $(x,y) = (a,b)$ で**微分可能**(または**全微分可能**)であるとは,

$$f(x,y) = A(x-a) + B(y-b) + f(a,b) + \varepsilon$$
$$\lim_{(x,y) \to (a,b)} \frac{\varepsilon}{\sqrt{(x-a)^2 + (y-b)^2}} = 0 \tag{2.4}$$

が成立するような 1 次関数 $A(x-a)+B(y-b)+f(a,b)$ ($A,\ B$：定数) が存在することをいう．このとき，平面 $z=A(x-a)+B(y-b)+f(a,b)$ は曲面 $z=f(x,y)$ の $(x,y,z)=(a,b,f(a,b))$ での接平面である．また，1×2 行列（行ベクトル）$\begin{bmatrix} A & B \end{bmatrix}$ を $(x,y)=(a,b)$ における f の **Jacobi 行列**または**勾配**（ベクトル）(**gradient**) といい，

$$f'(a,b), \qquad \mathrm{grad}\,f\,(a,b)$$

などで表す．

注意 2.4 変数の増分（ベクトル）

$$\begin{cases} \Delta x = x-a, \\ \Delta y = y-b, \end{cases} \Delta \mathrm{P} = \begin{bmatrix} \Delta x \\ \Delta y \end{bmatrix},\ \Delta f = f(x,y)-f(a,b)$$

を用いて (2.4) を表せば，

$$\Delta f = A\Delta x + B\Delta y + \varepsilon, \quad \lim_{\|\Delta \mathrm{P}\|\to 0} \frac{\varepsilon}{\|\Delta \mathrm{P}\|} = 0$$

あるいは，略式に

$$\Delta f \fallingdotseq A\Delta x + B\Delta y \tag{2.5}$$

となる．また，行列としての積

$$f'\cdot \Delta \mathrm{P} = \begin{bmatrix} A & B \end{bmatrix}\begin{bmatrix} \Delta x \\ \Delta y \end{bmatrix} = A\Delta x + B\Delta y$$

を用いて，

$$\Delta f \fallingdotseq f'\cdot \Delta \mathrm{P}$$

と書くこともできる．

定理 2.1 f は $(x,y)=(a,b)$ で微分可能で，$f'(a,b)=\begin{bmatrix} A & B \end{bmatrix}$ とする．
(1) f は $(x,y)=(a,b)$ で連続である．
(2) $A=f_x(a,b),\ B=f_y(a,b)$.

証明 (2.4) において $y=b$ とおくと $A=f_x(a,b)$, $x=a$ とおくと $B=f_y(a,b)$ が得られる．

注意 2.5 略式な表現 (2.5) は,
$$\Delta f \fallingdotseq \frac{\partial f}{\partial x}\Delta x + \frac{\partial f}{\partial y}\Delta y$$
と書くことができる.

注意 2.6 多変数関数 $f(x_1, x_2, \ldots, x_n)$ についても同様に微分可能性が定義され, 微分可能ならば
$$f' = \mathrm{grad} f = \begin{bmatrix} \dfrac{\partial f}{\partial x_1} & \dfrac{\partial f}{\partial x_2} & \cdots & \dfrac{\partial f}{\partial x_n} \end{bmatrix}$$
$$\Delta f \fallingdotseq \frac{\partial f}{\partial x_1}\Delta x_1 + \frac{\partial f}{\partial x_2}\Delta x_2 + \cdots + \frac{\partial f}{\partial x_n}\Delta x_n$$
である.

系 2.2 f は $(x, y) = (a, b)$ で微分可能とする.
(1) 曲面 $z = f(x, y)$ の点 $(a, b, f(a, b))$ における**接平面の方程式**は,
$$z = f_x(a, b)(x - a) + f_y(a, b)(y - b) + f(a, b)$$
(2) 点 $(a, b, f(a, b))$ における法線の方程式は,
$$\frac{x - a}{f_x(a, b)} = \frac{y - a}{f_y(a, b)} = \frac{z - f(a, b)}{-1}.$$
ただし, 分母 $= 0$ のときは 分子 $= 0$ と解釈する.

定理 2.3 f は D で連続な偏導関数 f_x, f_y を持てば, D で微分可能である.

証明* $(a, b) \in D$ とする. 注意 2.4 の記号を用いる. $A = f_x(a, b)$, $B = f_y(a, b)$ とおくとき,
$$\frac{|\Delta f - (A\Delta x + B\Delta y)|}{\|\Delta \mathrm{P}\|} \to 0 \ ((x, y) \to (a, b)) \tag{2.6}$$
を示せばよい. Lagrange の平均値の定理 (定理 1.14) より,
$$\begin{aligned}\Delta f &= f(x, y) - f(a, b) \\ &= f(x, y) - f(a, y) + f(a, y) - f(a, b) \\ &= f_x(\xi, y)\Delta x + f_y(a, \eta)\Delta y\end{aligned}$$

を満たす ξ, η が存在する.
$$|\Delta f - (A\Delta x + B\Delta y)| = |(f_x(\xi, y) - A)\Delta x + (f_y(a, \eta) - B)\Delta y|$$
$$\leqq (|f_x(\xi, y) - A| + |f_y(a, \eta) - B|)\|\Delta P\| \qquad (2.7)$$
ξ は x と a の間, η は y と b の間にあることと, f_x, f_y の連続性より,
$$(x, y) \to (a, b) \implies (\xi, \eta) \to (a, b) \implies \begin{cases} f_x(\xi, y) \to A \\ f_y(a, \eta) \to B \end{cases}$$
したがって, (2.7) より (2.6) が示される. ∎

合成関数の微分（連鎖公式）

> **定理 2.4** $z = f(x, y)$ は微分可能, $x = x(t), y = y(t)$ は微分可能とすると, $z(t) = f(x(t), y(t))$ も微分可能で,
> $$\frac{dz}{dt} = \frac{\partial f}{\partial x}\frac{dx}{dt} + \frac{\partial f}{\partial y}\frac{dy}{dt}. \qquad (2.8)$$

証明 $t = \alpha$ のとき, $x = a, y = b$ とする. t が増分 Δt だけ変化したときの x, y, z の増分をそれぞれ $\Delta x, \Delta y, \Delta z = \Delta f$ とする.
$$A = f_x(a, b),\ B = f_y(a, b),\ \rho = \sqrt{\Delta x^2 + \Delta y^2}$$
とおくと,
$$\Delta z = A\Delta x + B\Delta y + \varepsilon, \qquad \frac{\varepsilon}{\rho} \to 0\ (\rho \to 0)$$
$$\therefore\ \frac{\Delta z}{\Delta t} = A\frac{\Delta x}{\Delta t} + B\frac{\Delta y}{\Delta t} + \frac{\varepsilon}{\Delta t}$$
ここで,
$$\begin{cases} \Delta x / \Delta t \to x'(\alpha), \\ \Delta y / \Delta t \to y'(\alpha), \end{cases} \qquad (\Delta t \to 0)$$
となり, 誤差の部分は
$$\left|\frac{\varepsilon}{\Delta t}\right| = \left|\frac{\varepsilon}{\rho}\right| \cdot \left|\frac{\rho}{\Delta t}\right|$$
において, $\Delta t \to 0 \implies \rho \to 0 \implies \varepsilon/\rho \to 0$. さらに,
$$\left|\frac{\rho}{\Delta t}\right| = \sqrt{\left(\frac{\Delta x}{\Delta t}\right)^2 + \left(\frac{\Delta y}{\Delta t}\right)^2} \to \sqrt{(x'(\alpha))^2 + (y'(\alpha))^2} \quad (\Delta t \to 0)$$

より，
$$\frac{\Delta z}{\Delta t} \to A\, x'(\alpha) + B\, y'(\alpha) \quad (\Delta t \to 0)$$

> **定理 2.5** $f = f(x, y)$ は微分可能，$x = x(u, v), y = y(u, v)$ は偏微分可能とすると，$z(u, v) = f(x(u, v), y(u, v))$ も偏微分可能で，
> $$\begin{cases} \dfrac{\partial z}{\partial u} = \dfrac{\partial f}{\partial x}\dfrac{\partial x}{\partial u} + \dfrac{\partial f}{\partial y}\dfrac{\partial y}{\partial u}, \\[2mm] \dfrac{\partial z}{\partial v} = \dfrac{\partial f}{\partial x}\dfrac{\partial x}{\partial v} + \dfrac{\partial f}{\partial y}\dfrac{\partial y}{\partial v}. \end{cases} \tag{2.9}$$

証明 偏微分は 1 変数に関する微分であるから，前定理に帰着する．

これらの公式 (2.8), (2.9) は **連鎖公式** (chain rule) と呼ばれる．一般に，微分可能な多変数関数に対しても同じ形の連鎖公式が成り立つ：

$$z = f(y_1, \ldots, y_m), \quad y_j = g_j(x_1, \ldots, x_n) \ (j = 1, \ldots, m)$$
$$\implies \frac{\partial z}{\partial x_i} = \sum_{j=1}^{m} \frac{\partial z}{\partial y_j}\frac{\partial y_j}{\partial x_i} = \frac{\partial f}{\partial y_1}\frac{\partial g_1}{\partial x_i} + \cdots + \frac{\partial f}{\partial y_m}\frac{\partial g_j}{\partial x_i}$$

問 2.2 微分可能な $z = f(x, y)$ に対して，$x = r\cos\theta, y = r\sin\theta$ であるとき，次を示せ．
$$r\frac{\partial z}{\partial r} = x\frac{\partial f}{\partial x} + y\frac{\partial f}{\partial y}$$

2.3 偏導関数

$f_x = \dfrac{\partial f}{\partial x}$ が x について偏微分可能なとき，さらに x で偏微分して

$$(f_x)_x = \frac{\partial}{\partial x}\left(\frac{\partial f}{\partial x}\right)$$

が考えられる．これを

$$f_{xx}, \quad \frac{\partial^2 f}{\partial x^2}, \quad \left(\frac{\partial}{\partial x}\right)^2 f$$

等と書く．

同様に，

$$f_{xy}\left(=(f_x)_y\right) = \frac{\partial^2 f}{\partial y \partial x} \left(= \frac{\partial}{\partial y}\frac{\partial f}{\partial x}\right),$$

$$f_{yx}\left(=(f_y)_x\right) = \frac{\partial^2 f}{\partial x \partial y} \left(= \frac{\partial}{\partial x}\frac{\partial f}{\partial y}\right),$$

$$f_{yy}\left(=(f_y)_y\right) = \frac{\partial^2 f}{\partial y^2} \left(= \frac{\partial}{\partial y}\frac{\partial f}{\partial y}\right).$$

これらを**第 2 次の（第 2 階の）偏導関数**という．第 3 次（第 3 階）以上の偏導関数も同様に定義される．f が n 回偏微分可能で，第 n 次以下の偏導関数がすべて連続であるとき f は C^n **級関数**であるという．何回でも偏微分可能で，すべての偏導関数が連続であるとき，C^∞ **級関数**であるという．

例 2.5 例 2.4 (1) の関数 $f(x,y) = x^3 y^2 + x^2 + x \sin y$ について，

$$\begin{cases} \dfrac{\partial f}{\partial x} = f_x = 3x^2 y^2 + 2x + \sin y \\ \dfrac{\partial f}{\partial y} = f_y = 2x^3 y + x \cos y \end{cases} \quad \begin{cases} \dfrac{\partial^2 f}{\partial x^2} = f_{xx} = 6xy^2 + 2 \\ \dfrac{\partial^2 f}{\partial y \partial x} = f_{xy} = 6x^2 y + \cos y \\ \dfrac{\partial^2 f}{\partial x \partial y} = f_{yx} = 6x^2 y + \cos y \\ \dfrac{\partial^2 f}{\partial y^2} = f_{yy} = 2x^3 - x \sin y \end{cases}$$

一般に高次の偏導関数は偏微分する順序によって異なるものが得られる．

例* 2.6 $f(x,y) = \begin{cases} \dfrac{xy(x^2 - y^2)}{x^2 + y^2} & ((x,y) \neq (0,0)), \\ 0 & ((x,y) = (0,0)) \end{cases}$ この関数について，

$$f_{xy}(0,0) = -1, \quad f_{yx}(0,0) = 1 \quad \therefore \quad f_{xy}(0,0) \neq f_{yx}(0,0).$$

> **定理 2.6** 高次偏導関数は，偏導関数が連続ならば，偏微分の順序には無関係である．
> $$f_{xy} = f_{yx}, \quad f_{xxy} = f_{xyx} = f_{yxx}, \quad f_{xyy} = f_{yxy} = f_{yyx},$$
> $$\cdots\cdots\cdots$$

証明*
$$\Delta = f(x+h, y+k) - f(x+h, y) - f(x, y+k) + f(x, y),$$
$$\varphi(x) = f(x, y+k) - f(x, y)$$

とおくと，$\Delta = \varphi(x+h) - \varphi(x)$ であるから，平均値の定理（定理 1.14）より，$\Delta = h\varphi'(x_1)$ となる x_1 が x と $x+h$ の間に存在する．さらに

$$\varphi'(x_1) = f_x(x_1, y+k) - f_x(x_1, y)$$

であるから，$\varphi'(x_1) = k f_{xy}(x_1, y_1)$ となる $y_1\,(y \leqq y_1 \leqq y+k)$ が存在する．したがって，

$$\frac{\Delta}{hk} = f_{xy}(x_1, y_1) \qquad (hk \neq 0)$$

となる．$h, k \to 0$ とすると，$(x_1, y_1) \to (x, y)$ で，f_{xy} の連続性から

$$\lim_{\substack{h \to 0 \\ k \to 0}} \frac{\Delta}{hk} = f_{xy}(x, y)$$

同様に x, y を入れ換えて議論すれば，左辺の対称性より，

$$\lim_{\substack{h \to 0 \\ k \to 0}} \frac{\Delta}{hk} = f_{yx}(x, y).$$

ゆえに，$f_{xy}(x, y) = f_{yx}(x, y)$．第 3 次以上の偏導関数については，帰納法による．　∎

注意 2.7 3 変数以上の関数についても，高次偏導関数は，偏導関数が連続ならば偏微分の順序には無関係である．

2.4 Taylor の定理と関数の極値
Taylor の定理

定理 2.7 (Taylor) $f = f(x,y)$ は 2 点 (a,b), $(a+h, b+k)$ を結ぶ線分を含む領域で C^n 級関数とすると,

$$f(a+h, b+k) = \sum_{j=0}^{n-1} \frac{1}{j!} \left(h\frac{\partial}{\partial x} + k\frac{\partial}{\partial y} \right)^j f \bigg|_{(x,y)=(a,b)} + R_n,$$

$$R_n = \frac{1}{n!} \left(h\frac{\partial}{\partial x} + k\frac{\partial}{\partial y} \right)^n f \bigg|_{(x,y)=(a+\theta h, b+\theta k)}$$

となる $\theta \in (0,1)$ が存在する. ここで,

$$\left(h\frac{\partial}{\partial x} + k\frac{\partial}{\partial y} \right) f = h\frac{\partial f}{\partial x} + k\frac{\partial f}{\partial y},$$

$$\left(h\frac{\partial}{\partial x} + k\frac{\partial}{\partial y} \right)^2 f = h^2 \frac{\partial^2 f}{\partial x^2} + 2hk \frac{\partial^2 f}{\partial x \partial y} + k^2 \frac{\partial^2 f}{\partial y^2}$$

$$\vdots$$

参考 3 変数以上の関数 $f(x_1, \ldots, x_m)$ についても

$$h\frac{\partial}{\partial x} + k\frac{\partial}{\partial y} \quad \text{を} \quad h_1 \frac{\partial}{\partial x_1} + \cdots + h_m \frac{\partial}{\partial x_m}$$

に置き換えれば同じ形で成立する.

証明 $F(t) = f(a+th, b+tk)$ とおくと, F は t の関数として, $t = 0$ の近傍で C^n 級関数である. $F(t)$ に定理 1.17 を適用し, 連鎖公式 (2.8) を用いて整理すればよい. ∎

Taylor の定理は次の形に書くこともできる.

$$\begin{aligned} f(a+h, b+k) = & f(a,b) + \{ f_x(a,b)\, h + f_y(a,b)\, k \} \\ & + \frac{1}{2!} \{ f_{xx}(a,b)\, h^2 + 2f_{xy}(a,b)\, hk + f_{yy}(a,b)\, k^2 \} + \cdots \\ & + R_n \end{aligned}$$

停留点，極値

関数 $f(x,y)$ の $(x,y)=(a,b)$ の近傍での増減は，曲面 $z=f(x,y)$ の接平面の傾き具合で知ることができる．曲面 $z=f(x,y)$ の $(x,y)=(a,b)$ での接平面が水平であるとき，すなわち $f_x(a,b)=f_y(a,b)=0$ となるとき，点 (a,b) を f の**停留点**または**臨界点**という．

f が極値をとる点は停留点である．曲面 $S:z=f(x,y)$ の停留点における湾曲の状況は 2 次関数で近似することによって知ることができる．Taylor の定理により，停留点では $f_x(a,b)=f_y(a,b)=0$ であるから，

$$f(x,y)-f(a,b)$$
$$\doteqdot \frac{1}{2}\{f_{xx}(a,b)(x-a)^2+2f_{xy}(a,b)(x-a)(y-b)+f_{yy}(a,b)(y-b)^2\}$$

したがって，座標系を $(a,b,f(a,b))$ へ平行移動すれば，曲面 S は，停留点の近傍では，次の形の 2 次曲面

$$Z=AX^2+2BXY+CY^2 \tag{2.10}$$

（がかすかに歪んだもの）と考えてよい．2 次曲面 (2.10) の概形は

$$D=B^2-AC$$

とすると，次のとおり．

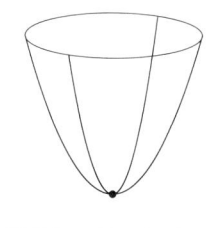

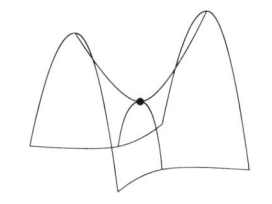

図 2.2　$D<0, A>0$　　　図 2.3　$D<0, A<0$　　　図 2.4　$D>0$

原点は，図 2.2 では極小，図 2.3 では極大，鞍の形の図 2.4 では極値ではない．**鞍点**という．以上より次の定理が得られる（定理 1.20 と比較せよ）．

図 2.5 $D=0, A>0$ 図 2.6 $D=0, A<0$ 図 2.7 $D=0, A=B=C=0$

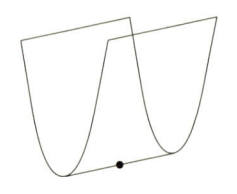

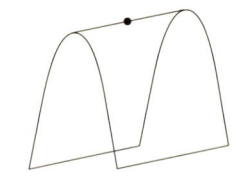

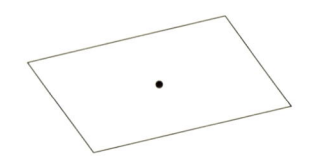

定理 2.8 (停留点の分類) 点 (a,b) は $f(x,y)$ の停留点,すなわち
$$f_x(a,b) = f_y(a,b) = 0$$
を満たすとする.
$$A = f_{xx}(a,b), \quad B = f_{xy}(a,b), \quad C = f_{yy}(a,b),$$
$$D = B^2 - AC$$
とおく.$D \neq 0$ とする.
(1) $D > 0$ のとき,(a,b) は鞍点で,極値をとらない.
(2) $D < 0$ のとき ($\Rightarrow AC > 0$ に注意せよ.),
　　(a) $A > 0$ ($\iff C > 0$) ならば,(a,b) で f は極小である.
　　(b) $A < 0$ ($\iff C < 0$) ならば,(a,b) で f は極大である.

注意 2.8 $D = 0$ のときは 2 次の微係数だけでは判定できない.たとえば,図 2.5 のような曲面はかすかに歪んだだけで極小にも鞍点にもなり得る.

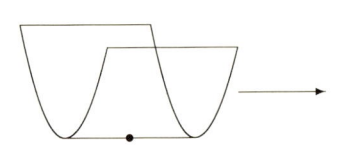

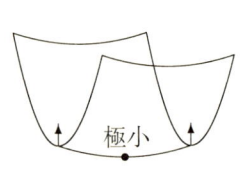

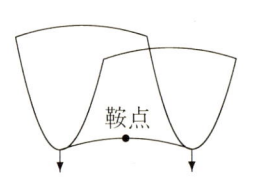

図 2.8

2.4 Taylor の定理と関数の極値

例 2.7 $f(x, y) = x^2 - 2xy + y^4 - y^2$ の停留点を分類する．

停留点は
$$\begin{cases} f_x = 2x - 2y = 0, \\ f_y = -2x + 4y^3 - 2y = 0 \end{cases}$$
を満たす (x, y) をすべて求めると
$$(x, y) = (0, 0),\ (1, 1),\ (-1, -1)$$
の 3 点である．$A = f_{xx} = 2$, $B = f_{xy} = -2$, $C = f_{yy} = 12y^2 - 2$, $D = B^2 - AC = 8 - 24y^2$ であるから，停留点の分類は以下のようになる：

停留点	A	B	C	D		判定	f
$(0, 0)$	2	-2	-2	8	$D > 0$	鞍点	0
$(1, 1)$	2	-2	10	-16	$D < 0,\ A > 0$	極小	-1
$(-1, -1)$	2	-2	10	-16	$D < 0,\ A > 0$	極小	-1

問 2.3 次の関数の停留点をすべて求め，それらを分類せよ．
(1) $f(x, y) = y^3 + 3x^2y - 3x^2 - 3y^2$ (2) $f(x, y) = 3x^2y + y^3 - 3y$
(3) $f(x, y) = (x - y)^2 + (y^2 - 4)^2$
(4) $f(x, y) = x^{2n} + y^{2n+1} - 2nx - (2n+1)y$ （n：自然数）

参考　3 変数関数の停留点，極値

$\mathrm{P}(a, b, c)$ を $f(x, y, z)$ の停留点，すなわち
$$f_x(\mathrm{P}) = f_y(\mathrm{P}) = f_z(\mathrm{P}) = 0$$
を満たすとする．極値をとる点は停留点である．

$$\begin{aligned} A_1 &= f_{xx}(\mathrm{P}), & B_1 &= f_{xy}(\mathrm{P}) = f_{yx}(\mathrm{P}), \\ A_2 &= f_{yy}(\mathrm{P}), & B_2 &= f_{yz}(\mathrm{P}) = f_{zy}(\mathrm{P}), \\ A_3 &= f_{zz}(\mathrm{P}), & B_3 &= f_{xz}(\mathrm{P}) = f_{zx}(\mathrm{P}) \end{aligned}$$

を係数とする X, Y, Z の 2 次関数
$$F(X, Y, Z) = A_1 X^2 + A_2 Y^2 + A_3 Z^2 + 2B_1 XY + 2B_2 YZ + 2B_3 ZX$$
の符号に従って，次が成り立つ：
(1) $F(X, Y, Z) > 0$ （$(X, Y, Z) \neq (0, 0, 0)$）ならば f は P で極小である．
(2) $F(X, Y, Z) < 0$ （$(X, Y, Z) \neq (0, 0, 0)$）ならば f は P で極大である．

(3) $F(X, Y, Z)$ が正の値，負の値の両方をとるときは f は P で極値をとらない．$F(X, Y, Z)$ のような，いわゆる 2 次形式の符号については，線形代数学などで扱われる．

問 2.4 $f(x, y, z) = 2x^3 - 3x^2 - 6y^2 + 12y - 9z^2 + 18z$ の極値を調べよ．

2.5 陰関数とその導関数

$F(x, y)$ は考える領域で C^1 級関数とする．

曲線 $F(x, y) = 0$

xy 平面で，方程式 $F(x, y) = 0$ によって表される曲線 C の局所的形状を調べよう．P(a, b) を曲線 $C : F(x, y) = 0$ 上の点，すなわち $F(a, b) = 0$ であるとする．空間において，C は曲面 $S : z = F(x, y)$ と xy 平面 $z = 0$ との交わりとして得られる．S の点 $(a, b, 0)$ における接平面 $H : z = F_x(a, b)(x - a) + F_y(a, b)(y - b)$ が xy 平面に平行でなければ，すなわち $F_x(a, b) \neq 0$，または $F_y(a, b) \neq 0$ であるとき，接平面 H と xy 平面との交線

$$F_x(a, b)(x - a) + F_y(a, b)(y - b) = 0 \tag{2.11}$$

は C の接線である．次の定理が成り立つ．

定理 2.9 曲線 $C : F(x, y) = 0$ 上の点 P(a, b) において，

$$F_x(a, b) \neq 0, \text{ または } F_y(a, b) \neq 0 \tag{2.12}$$

であるとき，P の近傍では C は滑らかな（1 本の）曲線で，その接線の方程式は (2.11) で与えられる．

C 上の点 P が定理の条件 (2.12) を満たすとき，P は C の**通常点**であるという．通常点でない C 上の点は特異点と呼ばれる：

(a, b) : **特異点**
$\iff F(a, b) = F_x(a, b) = F_y(a, b) = 0.$

通常点では曲線は滑らかな 1 本の曲線であるから，図 2.9 の A，B のような点

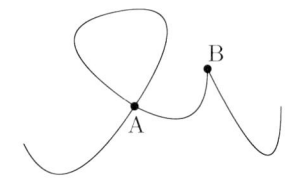

図 2.9　特異点

は特異点である．

問 2.5　次の曲線の特異点を求めよ．
(1) $x^2 - y^2 = 0$
(2) $(x-1)^2 = y^3$
(3) $x^2 + y^2 = 1$
(4) $x^3 + y^3 - xy = 0$

注意 2.9　同様の議論が，$F(x,y,z) = 0$ によって定義される曲面 S についても成り立つ．S 上の点 P に対して，
$$F_x(\mathrm{P}) = F_y(\mathrm{P}) = F_z(\mathrm{P}) = 0$$
であるとき，P は S の特異点といい，そうでないとき通常点という．通常点の近傍では S は滑らかな 1 枚の曲面である．

例　円錐 $x^2 + y^2 - z^2 = 0$ の特異点は原点 $(0,0,0)$ である．球面 $x^2 + y^2 + z^2 = a^2$ $(a > 0)$ は特異点をもたない．

陰関数

x の関数 y が，$y = f(x)$ の形ではなく，x と y の間の関係 $F(x,y) = 0$ によって定められているとき，y は x の**陰関数**という．

例 2.8　$x^2 + y^2 - 1 = 0$．これは円を表し，$y = f(x)$ の形の関数のグラフではないが，「x 軸に沿って流れる曲線」の部分だけに限定すれば陰関数が定まる．$b > 0$ である円上の点 (a,b) の近傍では $y = \sqrt{1-x^2}$，$b < 0$ のときは $y = -\sqrt{1-x^2}$ が陰関数である．しかし，$(1,0)$ の近傍では，$x = 1$ の右側には曲線が存在しないし，左側では ($(1,0)$ のどんなに近い場所にも) $y = \pm\sqrt{1-x^2}$ の 2 つの関数があり，陰関数が定まらない．

図 2.10　$x^2 + y^2 = 1$

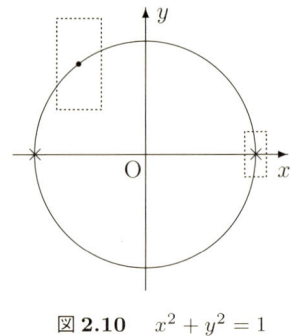

曲線 $C: F(x, y) = 0$ 上の点 $\mathrm{P}(a, b)$ に対して，P のある近傍 U において

$$F(x, y) = 0 \iff y = f(x) \qquad ((x, y) \in U)$$

が成り立つような関数 $y = f(x)$ を，$F(x, y) = 0$ によって定まる（P の近傍での）**陰関数**という．このことは，

「U の中では曲線 $F(x, y) = 0$ と関数 $y = f(x)$ のグラフが一致する」

ことを意味する．あるいは

「$y = f(x)$ が y に関する方程式 $F(x, y) = 0$ の（U における）解である」

ということもできる．一般に，陰関数は局所的な概念である．上の例でも見たように，場所によっては陰関数が存在するとは限らない．

定理 2.9 (2.11) より，曲線 $F(x, y) = 0$ は (a, b) で接線

$$y = -\frac{F_x(a, b)}{F_y(a, b)}(x - a) + b$$

をもつ．これが陰関数 $y = f(x)$ を近似する 1 次関数であることより，次の定理が成り立つ．

定理 2.10 (陰関数定理) $F(x,y)$ は点 (a,b) の近傍で C^1 級関数で，$F(a,b)=0$ とする．$F_y(a,b) \neq 0$ であるとき，(a,b) の近傍で $F(x,y)=0$ によって定まる陰関数 $y=f(x)$ がただ 1 つ存在し，$f(x)$ は微分可能で

$$f'(a) = -\frac{F_x(a,b)}{F_y(a,b)}$$

が成り立つ．すなわち，

$$F(x,y)=0,\ F_y \neq 0 \implies \frac{dy}{dx} = -\frac{F_x}{F_y} \tag{2.13}$$

注意 2.10 x と y の立場を替えれば，$F_x(a,b) \neq 0$ のとき，(a,b) の近傍で陰関数 $x=g(y)$ がただ 1 つ定まり，

$$g'(b) = -\frac{F_y(a,b)}{F_x(a,b)}.$$

注意 2.11 3 変数以上の関数 F についても同様の定理が成り立つ．たとえば 3 変数関数 $F(x,y,z)$ について，$F(a,b,c)=0$ とする．$F_z(a,b,c) \neq 0$ であるとき，(a,b,c) の近傍で $F(x,y,z)=0$ によって陰関数 $z=f(x,y)$ がただ 1 つ定まり，

$$f_x(a,b) = -\frac{F_x(a,b,c)}{F_z(a,b,c)}, \quad f_y(a,b) = -\frac{F_y(a,b,c)}{F_z(a,b,c)}.$$

陰関数定理より，$F_y \neq 0$ ならば，陰関数 $y=y(x)$ は微分可能であるから，連鎖公式 (2.8) を用いて

$F(x,y)=0\ (y=y(x))$ の両辺を x で微分して，

$$\frac{\partial F}{\partial x} + \frac{\partial F}{\partial y}\frac{dy}{dx} = 0. \tag{2.14}$$

これより，(2.13) が得られる．とくに具体的な計算ではこの方法で，y' を求めることができる．

注意 2.12 (2.14) は微分方程式と見ることができる．その解は，$F(x,y)=c$ (c : 定数) を満たす．

例 2.9 $F(x,y) = x^2 + y^2 - 1 = 0$ とする．$y = y(x)$ を x の関数と見て両辺を微分すると，

$$2x + 2y\,y' = 0, \quad \therefore\ y' = -\frac{x}{y}\ (y \neq 0).$$

このことは，この円上の点 (a, b) $(b \neq 0)$ における接線の傾きが $-\dfrac{a}{b}$ であることを示している．陰関数が何であるかを用いていないことに注目せよ．また，直接陰関数 $y = \pm\sqrt{1 - x^2}$ の微分を計算して，$y' = \mp\dfrac{x}{\sqrt{1 - x^2}} = -\dfrac{x}{y}$.

陰関数の 2 次導関数

陰関数 $y = y(x)$ の 2 次導関数を求める．(2.14) をさらに x で微分して，

$$(F_{xx} + F_{xy}\,y') + \{(F_{yx} + F_{yy}\,y')\,y' + F_y\,y''\} = 0,$$
$$\therefore\ F_{xx} + 2F_{xy}\,y' + F_{yy}\,(y')^2 + F_y\,y'' = 0. \tag{2.15}$$

ここで，$F_y \neq 0$ のとき，$y' = -\dfrac{F_x}{F_y}$ を代入すれば y'' が得られる．

注意 2.13 ここでは，F は C^2 級関数とする．一般に，F が C^m 級関数ならば陰関数 $y = f(x)$ も C^m 級関数である $(F_y \neq 0)$.

陰関数の極値

曲線 $C : F(x, y) = 0$ の y の極値を調べる．C 上の点 $\mathrm{P}(a, b)$ において，

(1) $F_x(a, b) \neq 0$, $F_y(a, b) = 0$ のとき，ここでは C の接線は y 軸に平行であるから，y は極値をとらない．

(2) $F_y(a, b) \neq 0$ のとき，陰関数 $y = y(x)$ が定まる．極値をとるのは $y' = 0$ のときであるが，(2.13) より，

$$y' = 0 \iff F_x(a, b) = 0.$$

さらに，(2.15) より，$y' = 0$ であれば

$$F_{xx} + F_y\,y'' = 0 \quad \therefore\ y''(a) = -\frac{F_{xx}(a, b)}{F_y(a, b)}.$$

これを用いて y'' の符号を調べればよい．

以上より，

y が極値をとり得るのは，$F_x = F = 0$ を満たす点 (x, y) である．
さらに，$F_y \neq 0$ のときは (2) の方法で調べればよい．$F_y = 0$ のときは特異点であるが，特異点については一般的な判別方法はない．

例 2.10 $F(x,y) = (x^2 + y^2 - y)^2 - (x^2 + y^2) = 0$ のときの y の極値を上の方法で調べる．この曲線は **cardioid**（心臓形）と呼ばれる．
$$F_x = 2x\{2(x^2 + y^2 - y) - 1\}, \quad F_y = 2\{(2y-1)(x^2 + y^2 - y) - y\},$$
$$F_{xx} = 2(6x^2 + 2y^2 - 2y - 1).$$
y が極値をとり得るのは $F_x = 0, F = 0$. これを解いて

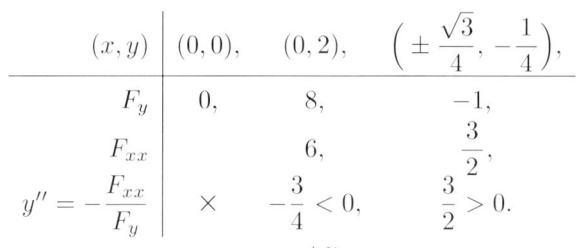

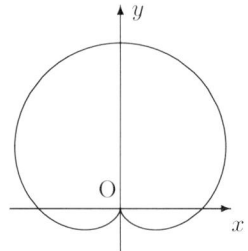

(x, y)	$(0, 0)$,	$(0, 2)$,	$\left(\pm\dfrac{\sqrt{3}}{4}, -\dfrac{1}{4}\right)$,
F_y	0,	8,	-1,
F_{xx}		6,	$\dfrac{3}{2}$,
$y'' = -\dfrac{F_{xx}}{F_y}$	×	$-\dfrac{3}{4} < 0$,	$\dfrac{3}{2} > 0$.

図 2.11　cardioid

$(0, 2)$ で y は極大，$\left(\pm\dfrac{\sqrt{3}}{4}, -\dfrac{1}{4}\right)$ で y は極小である．$(0, 0)$ は $F_y = 0$ となるので特異点である．この曲線は原点の近くでは $y < 0$ となるので，$(0, 0)$ で y は極大である．cardioid の図参照．

例 2.11 $F(x, y) = x^2 + y^2 - 1 = 0$ のときの y の極値を上の方法で調べる．
y が極値をとり得るのは $F_x = 0, F = 0$ すなわち，
$$x^2 + y^2 - 1 = 0, x = 0, \quad \therefore \ (x, y) = (0, \pm 1)$$

のときである．このとき，

$$y'' = -\frac{F_{xx}}{F_y} = -\frac{2}{2y} = \begin{cases} -1 < 0 & ((x,y) = (0,+1)) \\ +1 > 0 & ((x,y) = (0,-1)) \end{cases}$$

$(0,1)$ で y は極大，$(0,-1)$ で y は極小となる．

問 2.6 $x^2 + y^2 - 1 = 0$ より定まる陰関数 $y = y(x)$ の2次導関数 y'' を，この方程式を x で2回微分することにより求めよ（(2.15) を用いてもよい）．また，その結果と $\pm\sqrt{1-x^2}$ を直接2回微分して得られるものとを比べよ．

問 2.7 次の方程式で定まる x の関数 y の極値を調べよ．
(1) $x^2 - 2xy + y^3 - 2y = 0$ 　　 (2) $x^3 y^3 - 2x - 3y = 0$
(3) $2xy^3 + y - x^2 = 0$ 　　 (4) $xe^{-xy} - ey = 0$

参考（条件付き極値） x, y が関係 $\varphi(x, y) = 0$ を満たしながら変化するときの $f(x, y)$ の極値問題を考える．$\varphi(a, b) = 0$ とする．もし，$\varphi_y(a, b) \neq 0$ であれば，陰関数定理より，$\varphi(x, y) = 0$ は $y = \psi(x)$ と書けるから，1変数関数 $f(x, \psi(x))$ の極値問題に帰する．

$$\frac{d}{dx}f(x, \psi(x)) = 0 \iff \frac{\partial f}{\partial x} + \frac{\partial f}{\partial y}\frac{d\psi}{dx} = 0 \iff \frac{\partial f}{\partial x} + \frac{\partial f}{\partial y}\left(-\frac{\varphi_x}{\varphi_y}\right) = 0$$

したがって，

$$x = a \text{ が } f(x, \psi(x)) \text{ の停留点} \iff f_x(a, b)\varphi_y(a, b) - f_y(a, b)\varphi_x(a, b) = 0.$$

$\varphi_x(a, b) \neq 0$ のときも同じである．$\varphi_x(a, b) = \varphi_y(a, b) = 0$ のときもあわせて次の定理を得る．

定理 2.11 $(x, y) = (a, b)$ が，条件 $\varphi(x, y) = 0$ のもとでの $f(x, y)$ の停留点であれば，
$$f_x(a, b)\varphi_y(a, b) - f_y(a, b)\varphi_x(a, b) = 0. \tag{2.16}$$

系 2.12 $(x,y)=(a,b)$ が曲線 $\varphi(x,y)=0$ の特異点ではないとする．λ を定数として
$$F(x,y)=f(x,y)-\lambda\,\varphi(x,y)$$
とおく．このとき，$(x,y)=(a,b)$ が，条件 $\varphi(x,y)=0$ のもとでの $f(x,y)$ の停留点であるための必要十分条件は，
$$F_x=F_y=\varphi=0 \quad ((x,y)=(a,b))$$
を満たす定数 λ が存在することである．

証明 (2.16) は，ベクトル $\begin{bmatrix}f_x\\f_y\end{bmatrix}$ が $\begin{bmatrix}\varphi_x\\\varphi_y\end{bmatrix}$ のスカラー倍であることを意味する．

一般に次が成り立つ．

定理 2.13 (Lagrange の未定乗数法) $\mathrm{P}(a_1,\ldots,a_n)$ が
$$\varphi_j(x_1,\ldots,x_n)=0 \quad (j=1,\ldots,m)$$
で定義される図形 $\varPhi$ の特異点ではないとする．関数 $f(X)=f(x_1,\ldots,x_n)$ に対して，$\lambda_1,\ldots,\lambda_m$ を定数として
$$F(X)=f(X)-\sum_{j=1}^{m}\lambda_j\,\varphi_j(X)$$
とおく．このとき，$\varPhi$ 上の点 P が，条件 $\varphi_1(X)=\cdots=\varphi_m(X)=0$ のもとでの $f(X)$ の停留点であるための必要十分条件は，
$$\frac{\partial F}{\partial x_i}(\mathrm{P})=0 \quad (i=1,\ldots,n)$$
を満たす定数 $\lambda_1,\ldots,\lambda_m$ が存在することである．

練習問題 2

2.1 次の関数 $f(x,y)$ について，次の 3 種類の極限

$$l_1 = \lim_{(x,y) \to (0,0)} f(x,y)$$

$$l_2 = \lim_{y \to 0} \lim_{x \to 0} f(x,y) = \lim_{y \to 0} \left(\lim_{x \to 0} f(x,y) \right)$$

$$l_3 = \lim_{x \to 0} \lim_{y \to 0} f(x,y) = \lim_{x \to 0} \left(\lim_{y \to 0} f(x,y) \right)$$

は存在するか．存在すればそれらを求めよ．

(1) $f(x,y) = \dfrac{x^2 y}{x^2 + y^2}$ 　　　　(2) $f(x,y) = \dfrac{x - y^2}{x^2 - y}$

(3) $f(x,y) = x \sin \dfrac{1}{y} + y \cos \dfrac{1}{x}$

2.2 次の関数 $f(x,y)$ の $(0,0)$ における連続性を調べよ．ただし，$f(0,0) = 0$ とする．

(1) $f(x,y) = \dfrac{x^2 - y^2}{x^2 + y^2}$ 　　　　(2) $f(x,y) = \dfrac{xy^2}{x^2 + y^2}$

(3) $f(x,y) = \dfrac{xy}{x^2 + y^2}$ 　　　　(4) $f(x,y) = x \sin \dfrac{1}{x^2 + y^2}$

2.3 次の関数 $f(x,y)$ が $(0,0)$ において連続になるように $f(0,0)$ を定めよ．

(1) $f(x,y) = xy \log(x^2 + y^2)$ 　　　　(2) $f(x,y) = \sin \dfrac{x^2 - y^2}{\sqrt{x^2 + y^2}}$

2.4 関数 $f(x,y) = \sin(x + y^2)$ の 1 次と 2 次の偏導関数をすべて求めよ．

2.5 (1) $f(x,y) = \dfrac{e^{xy}}{e^x + e^y}$ のとき $f_x + f_y = (x + y - 1) f$ を示せ．

(2) $f(x,y) = \dfrac{xy}{x+y}$ のとき $xf_x + yf_y = f$ を示せ．

2.6 関数 $f(x,y) = \dfrac{x^3 y}{x^2 + y^2}$ （ただし $f(0,0) = 0$）に対して，次を示せ．

$$f_{xy}(0,0) = 0, \quad f_{yx}(0,0) = 1$$

2.7 f と g は C^2 級関数とする．次を示せ．

(1) $F(x,y) = f(x)\,g(y)$ のとき $F_x F_y = F F_{xy}$.

(2) $F(x,y) = y f(x) + x g(y)$ のとき $x F_x + y F_y = F + xy F_{xy}$.

2.8 次の関数の停留点をすべて求め，それらを分類せよ．

(1) $f(x,y) = x^3 + y^3 - 3xy$

(2) $f(x,y) = x^3 + 3x^2 y + y^3 - 3y$

(3) $f(x,y) = \dfrac{x+y+1}{x^2+y^2+1}$

(4) $f(x,y) = \left\{(x+y)^2 + 2a\,(x+1)\right\} e^x \quad (a \neq 0)$

(5) $f(x,y) = (ax^2 + by^2)\,e^{-(x^2+y^2)} \quad (a > b > 0)$

2.9 次の方程式で定まる x の関数 y の極値を調べよ．

(1) $x^2 - xy + y^3 - 7 = 0$ \quad (2) $x^3 + 3x^2 y - 2y^3 - 2 = 0$

(3) $x^2 e^{2xy} - e\,y = 0$

2.10 平面上の n 個の点 $P_i(x_i, y_i)$ $(i=1,\ldots,n)$ に対して，距離の平方和 $\sum_{i=1}^{n} P_i Q^2$ が最小になるような点 $Q(x,y)$ を求めよ．

2.11 次の関数 $f(x,y,z)$ の極値を求めよ．

(1) $f(x,y,z) = x^3 - 3x + y^2 + z^2$

(2) $f(x,y,z) = e^{-x-y}(3x^2 + 3y^2 + z^2)$.

2.12 $x_1 + x_2 + \cdots + x_n = 1$ $(x_1, \ldots, x_n > 0)$ の条件のもとで，
$$f(x_1, \ldots, x_n) = -x_1 \log x_1 - x_2 \log x_2 - \cdots - x_n \log x_n$$
の最大値を求めよ．

第3章

積分

3.1 定積分

$f(x)$ を有限閉区間 $I = [a,b]$ 上で $f \geqq 0$ であるような関数とする．曲線 $y = f(x)$ と x 軸の間で $a \leqq x \leqq b$ の部分の面積を $f(x)$ の a から b までの**定積分**といい，

$$\int_a^b f(x)\,dx$$

で表す．$f \geqq 0$ とは限らないとき，十分大きな定数 c をとり，

$$f(x) + c \geqq 0 \quad (a \leqq x \leqq b)$$

となるようにして，$f(x)$ の**定積分**を

$$\int_a^b f(x)\,dx = \int_a^b \{f(x) + c\}\,dx - c(b-a)$$

によって定義する．これは c の選び方によらない．$f(x) \leqq 0$ の部分の面積を負として計算することと同じである．

参考 (区分求積法) 定積分を面積によって定義したが，実は，「どのような集合にも面積が定まっている」という保証はない．定積分で問題となる領域

$$D: a \leqq x \leqq b,\ 0 \leqq y \leqq f(x)$$

の面積 S を求めることを試みる．

$f(x) \geqq 0$ とする．区間 $I = [a,b]$ を

$$\Delta: a = x_0 < x_1 < x_2 < \cdots < x_{n-1} < x_n = b$$

によって，小区間 $I_i = [x_{i-1}, x_i]$ に分割する（等分でなくともよい）．各小区間での最大値と最小値を用いて，図のように n 個の長方形からなる階段状の領域

3.1 定積分

図 3.1　D　　　図 3.2　$\overline{D}(\Delta)$　　　図 3.3　$\underline{D}(\Delta)$

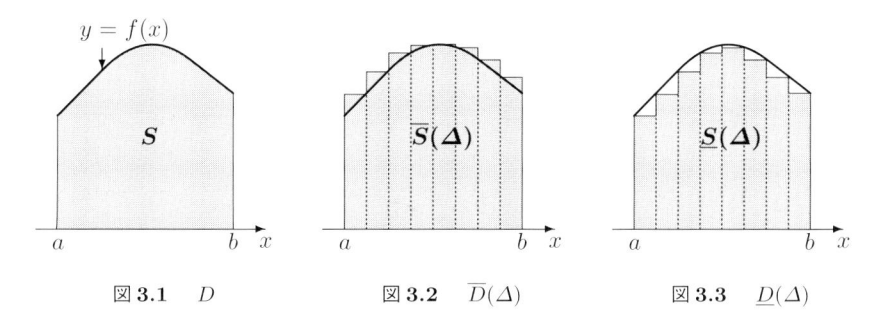

で，D を含むもの $\overline{D}(\Delta)$ と，D に含まれるもの $\underline{D}(\Delta)$ を作り，面積をそれぞれ $\overline{S}(\Delta), \underline{S}(\Delta)$ とする．

$$\underline{S}(\Delta) \leqq S \leqq \overline{S}(\Delta) \tag{3.1}$$

によって S をはさみうちにする．ところで，小区間 I_i での $f(x)$ の最大値を M_i，最小値を m_i とすると，

$$\overline{S}(\Delta) = \sum_{i=1}^{n} M_i \left(x_i - x_{i-1}\right) \qquad \left(M_i = \max f(I_i)\right), \tag{3.2}$$

$$\underline{S}(\Delta) = \sum_{i=1}^{n} m_i \left(x_i - x_{i-1}\right) \qquad \left(m_i = \min f(I_i)\right) \tag{3.3}$$

である．また，$\overline{S}(\Delta), \underline{S}(\Delta)$ と S との誤差は高々

$$\overline{S}(\Delta) - \underline{S}(\Delta) = \sum_{i=1}^{n} (M_i - m_i)\left(x_i - x_{i-1}\right) \leqq \varepsilon(\Delta)(b-a),$$

ただし，$\varepsilon(\Delta) = \max_{1 \leqq i \leqq n} (M_i - m_i)$．したがって，もし分割 Δ を細かくして極限を考え，$\varepsilon(\Delta) \to 0$ が成り立てば，(3.1) によって

$$S = \lim \overline{S}(\Delta) = \lim \underline{S}(\Delta)$$

となり，S の値が確定する．分割 Δ の細かさを表すものとして，

$$|\Delta| = \max_{1 \leqq i \leqq n} (x_i - x_{i-1})$$

とおく．連続関数について次の定理 3.1 が成り立つから，

$$S = \lim_{|\Delta| \to 0} \overline{S}(\Delta) = \lim_{|\Delta| \to 0} \underline{S}(\Delta).$$

第3章 積分

> **定理 3.1** 有限閉区間 $I = [a, b]$ で $f(x)$ が連続であるとき,
> $$|p - q| \to 0 \; (p, q \in I) \implies |f(p) - f(q)| \to 0$$
> となる. したがって
> $$|\Delta| \to 0 \implies \varepsilon(\Delta) \to 0.$$

例 3.1 $f(x) = x^2$, $I = [0, 1]$ のとき,
$$p, q \in I \implies |f(p) - f(q)| \leqq 2|p - q|.$$

注意 3.1 $\varepsilon(\Delta) \not\to 0$ となるような場合は, この方法で面積を定めることはできない.

一般に, $f \geqq 0$ とは限らないときでも, (3.2), (3.3) によって $\overline{S}(\Delta)$ と $\underline{S}(\Delta)$ を定義すると, $f(x)$ が $I = [a, b]$ で連続であれば, 定理 3.1 より, $|\Delta| \to 0$ のとき $\overline{S}(\Delta)$ と $\underline{S}(\Delta)$ は共通の極限をもつ.

$$\int_a^b f(x)\,dx = \lim_{|\Delta| \to 0} \overline{S}(\Delta) = \lim_{|\Delta| \to 0} \underline{S}(\Delta)$$

と定義することにより, 連続関数の定積分が確定する. このことを,

> **定理 3.2** 連続関数は積分可能である.

という. さらに, 各小区間内に点 $\xi_i \in I_i = [x_{i-1}, x_i]$ を任意にとるとき,

$$\sum_{i=1}^n f(\xi_i)(x_i - x_{i-1})$$

を **Riemann 和**という.

$$\underline{S}(\Delta) \leqq \sum_{i=1}^n f(\xi_i)(x_i - x_{i-1}) \leqq \overline{S}(\Delta)$$

であるから, 連続関数に対しては

$$\int_a^b f(x)\,dx = \lim_{|\Delta| \to 0} \sum_{i=1}^n f(\xi_i)(x_i - x_{i-1}) \tag{3.4}$$

が成り立つ. 標語的に書けば,

$$\int_a^b f(x)\,dx = \lim_{\Delta x \to 0} \sum f(x)\,\Delta x.$$

以下，扱う関数はすべて積分区間で連続とする．

$a < b$ のとき，$\int_b^a f(x)\,dx = -\int_a^b f(x)\,dx$，$a = b$ のとき，$\int_a^a f(x)\,dx = 0$ とおく．

定理 3.3 定積分は次の基本的性質を持つ．

(1) （加法性）$\int_a^b f(x)\,dx = \int_a^c f(x)\,dx + \int_c^b f(x)\,dx.$

(2) （線形性）$\int_a^b \{\alpha f(x) + \beta g(x)\}\,dx = \alpha \int_a^b f(x)\,dx + \beta \int_a^b g(x)\,dx.$

(3) （単調性）$a \leqq b$, $f(x) \leqq g(x)$ ならば，
$$\int_a^b f(x)\,dx \leqq \int_a^b g(x)\,dx.$$
とくに，
$$\left| \int_a^b f(x)\,dx \right| \leqq \int_a^b |f(x)|\,dx.$$

定理 3.4 (積分の平均値の定理) $a \neq b$ とする．
$$\frac{1}{b-a} \int_a^b f(x)\,dx = f(\xi) \quad (a \leqq \xi \leqq b) \tag{3.5}$$
を満たす ξ が存在する．左辺を $a \sim b$ での $f(x)$ の**平均値**という．

証明 (3.5) の左辺を μ とおく．$a \sim b$ での $f(x)$ の最大値を M，最小値を m とすると，$m \leqq \mu \leqq M$ であるから，連続関数の中間値の定理を用いればよい．

注意 3.2 上の証明では $\xi = a$ または b の可能性があるが，$\xi \neq a, b$ なるようにできることが知られている．

3.2 原始関数

区間 I で連続な関数 $f(x)$ に対して,$a \in I$ を固定する.関数
$$F_0(x) = \int_a^x f(t)\,dt \quad (x \in I)$$
を $f(x)$ の**不定積分**という.

定理 3.5 区間 I で連続な関数 $f(x)$ に対して,
$$\frac{d}{dx}\int_a^x f(t)\,dt = f(x) \quad (x \in I).$$

一般に,区間 I で定義された関数 $f(x)$ に対して,
$$F'(x) = f(x) \quad (x \in I)$$
を満たす I 上の連続関数 $F(x)$ を $f(x)$ の(I における)**原始関数**という.$F(x), G(x)$ がともに I における $f(x)$ の原始関数ならば,$(G(x) - F(x))' = 0$ であるから,
$$G(x) - F(x) = C\ (\text{定数}) \quad \therefore G(x) = F(x) + C \quad (x \in I).$$
したがって,原始関数は(存在すれば)この区間では定数差を除いてただ 1 つである.$f(x)$ の原始関数を $\int f(x)\,dx$ で表す.

$$F(x) = \int f(x)\,dx \iff F'(x) = f(x) \quad (x \in I)$$

原始関数を求めること(微分の逆操作)を**積分**するともいう.たとえば
$$\int x^n\,dx = \frac{1}{n+1}x^{n+1} + C\ (n \neq -1)$$
C は任意の定数で,**積分定数**と呼ばれる.以下,積分定数は省略する.

定理 3.5 より,連続関数 $f(x)$ の不定積分は $f(x)$ の原始関数である.したがって,

定理 3.6 (原始関数の存在) 連続関数は原始関数をもつ.

$f(x)$ の原始関数を求めることができない場合でも，その存在が保証されていることは重要である．

定理 3.7 (微分積分学の基本定理)　連続関数 $f(x)$ の区間 I における原始関数を $F(x)$ とするとき，
$$\int_a^b f(x)\,dx = \Big[F(x)\Big]_a^b = F(b) - F(a) \quad (a, b \in I). \tag{3.6}$$

注意 3.3　(3.6) は不連続点を含む区間で用いてはならない．

例 3.2　$f(x) = \dfrac{1}{x^2}$ $(x \neq 0)$ に対して，$F(x) = \begin{cases} -\dfrac{1}{x} + a & (x > 0) \\ -\dfrac{1}{x} + b & (x < 0) \end{cases}$ とおくと a, b がどんな定数でも $F'(x) = f(x)$ となるが，
$$\Big[F(x)\Big]_{-1}^{1} = -2 + a - b$$
は $F(x)$ の選び方により異なる値をとり，(3.6) の右辺が定まらない．

積の微分と合成関数の微分公式より次の公式が得られる．

定理 3.8 (部分積分)　f, g は微分可能とすると，
(1) $$\int f'(x)g(x)\,dx = f(x)g(x) - \int f(x)g'(x)\,dx,$$
(2) $$\int_a^b f'(x)g(x)\,dx = \Big[f(x)g(x)\Big]_a^b - \int_a^b f(x)g'(x)\,dx.$$

注意 3.4　$f(x) = x$ の場合:
$$\int g(x)\,dx = x\,g(x) - \int x\,g'(x)\,dx. \tag{3.7}$$

定理 3.9 (置換積分)　$x = \varphi(t)$ であるとき，

(1) $\displaystyle\int f(x)\,dx = \int f(\varphi(t))\,\varphi'(t)\,dt$　　$\boxed{dx = \dfrac{dx}{dt}\,dt = \varphi'(t)\,dt}$

(2) $a = \varphi(\alpha),\, b = \varphi(\beta)$ のとき，
$$\int_a^b f(x)\,dx = \int_\alpha^\beta f(\varphi(t))\,\varphi'(t)\,dt$$

微分公式を逆に用いて次が得られる．

$$\int x^a\,dx = \frac{x^{a+1}}{a+1}\quad (a \neq -1), \qquad \int \frac{1}{x}\,dx = \log|x|$$
$$\int e^x\,dx = e^x$$
$$\int \sin x\,dx = -\cos x, \qquad \int \cos x\,dx = \sin x$$
$$\int \frac{1}{x^2+1}\,dx = \arctan x, \qquad \int \frac{f'(x)}{f(x)}\,dx = \log|f(x)|$$

例 3.3　(1) $\displaystyle\int \tan x\,dx = -\log|\cos x|$

(2) $\displaystyle\int \log x\,dx = x\log x - x$

(1) は $\tan x = -\dfrac{(\cos x)'}{\cos x}$ より，(2) は，(3.7) より直ちに得られる．あるいは，$\log x = t\ (x = e^t)$ とおくと，$dx = (e^t)'\,dt$ より，

$$\int \log x\,dx = \int t\,(e^t)'\,dt = t\,e^t - \int (t)'\,e^t\,dt = t\,e^t - e^t = x\log x - x.$$

問 3.1　次を求めよ．

(1) $\displaystyle\int \arctan x\,dx$　　(2) $\displaystyle\int \arcsin x\,dx$　　(3) $\displaystyle\int \frac{dx}{e^x + e^{-x}}$

(4) $\displaystyle\int \frac{dx}{1 - x + \sqrt{1-x}}$　　(5) $\displaystyle\int x\,(1-x)^n\,dx$

3.3 初等関数の原始関数

与えられた関数 $f(x)$ の導関数を求める（微分する）ことは，$f(x)$ を構成する基本的な関数の微分に帰着するが，原始関数を求める（積分する）ことについては，そのような一般的な方法はない．積分に際して手がかりになるのは微分公式を逆に考えることで，基本的には置換積分あるいは部分積分を試みることである．置換積分と部分積分は，積分問題を別の積分問題に変えるだけで，問題が解決する保証は何もない．答のわかる問題に帰着できる場合だけ解決する．したがって，問題によっては原始関数を求めることができない（既知の関数を用いて表すことができない）こともある．なお，一般に，積分に関する結果は微分すれば検証できることに注意されたい．

本節では，知られている積分法をいくつか紹介する．

3.3.1 有理関数の原始関数

有理関数

$$f(x) = \frac{P(x)}{Q(x)} \quad (P, Q : 多項式)$$

の原始関数を求める．

1. 分子の次数を下げる．割り算により，$P = SQ + R$ $(\deg R < \deg Q)$ とする．ただし，deg は多項式の次数を表す．

$$\frac{P(x)}{Q(x)} = S(x) + \frac{R(x)}{Q(x)}$$

である．多項式の積分 $\int S(x)\,dx$ は容易に計算できるので，

$$\int \frac{R(x)}{Q(x)}\,dx \quad (\deg R < \deg Q)$$

を求めればよい．

2. R/Q の部分分数分解．Q を因数分解すると，因子は $(x-a)^m$ または $\{(x-p)^2 + q^2\}^n$ の形である．このとき，$\dfrac{R(x)}{Q(x)}$ は

$$\frac{A_k}{(x-a)^k} \quad (k = 1, 2, \ldots, m)$$

または,
$$\frac{B_k x + C_k}{\{(x-p)^2 + q^2\}^k} \quad (k = 1, 2, \ldots, n)$$
の形の有理関数の和として表すことができる (**部分分数分解**).

例 3.4 $f(x) = \dfrac{x^2 - 9}{(x+2)(x+1)^2(x^2+1)}$ の部分分数分解:
$$f(x) = \frac{A}{x+1} + \frac{B}{(x+1)^2} + \frac{C}{x+2} + \frac{Dx+E}{x^2+1} \tag{3.8}$$
すなわち,
$$\begin{aligned} x^2 - 9 &= A(x+1)(x+2)(x^2+1) + B(x+2)(x^2+1) \\ &\quad + C(x+1)^2(x^2+1) + (Dx+E)(x+2)(x+1)^2 \\ &= (A+C+D)x^4 + (3A+B+2C+4D+E)x^3 \\ &\quad + (3A+2B+2C+5D+4E)x^2 \\ &\quad + (3A+B+2C+2D+5E)x + 2A+2B+C+2E \end{aligned} \tag{3.9}$$
これが恒等式となるように定数 $A \sim E$ を定めると,
$$A = -1, \ B = -4, \ C = -1, \ D = 2, \ E = 1$$
$$\therefore f(x) = \frac{-1}{x+1} + \frac{-4}{(x+1)^2} + \frac{-1}{x+2} + \frac{2x+1}{x^2+1}.$$

注意 3.5 (3.9) に $x = -1, -2, i$ を代入すると, B, C, D, E の値が得られる. また, (3.8) の両辺に x をかけて, $x \to \infty$ とすると, $0 = A + C + D$.

部分分数分解により, 有理関数の積分は,
$$\int \frac{dx}{(x-a)^n}, \quad \int \frac{Bx+C}{(x^2+2px+q)^n} dx \quad (p^2 - q < 0)$$
の形の積分に帰着する.

3. 第 1 の積分について,
$$\int \frac{dx}{(x-a)^n} = \begin{cases} -\dfrac{1}{(n-1)(x-a)^{n-1}} & (n \neq 1), \\ \\ \log|x-a| & (n = 1). \end{cases}$$

4. 第 2 の積分について，$t = x^2 + 2px + q$ とおくと，$dt = 2(x+p)\,dx$ に注目して，

$$\int \frac{(Bx+C)\,dx}{(x^2+2px+q)^n} = B' \int \frac{2(x+p)\,dx}{(x^2+2px+q)^n} + C' \int \frac{dx}{(x^2+2px+q)^n}$$

ただし $B' = \dfrac{B}{2}, C' = C - \dfrac{Bp}{2}$．右辺の第 1 項の積分は

$$\int \frac{2(x+p)\,dx}{(x^2+2px+q)^n} = \int \frac{dt}{t^n} \qquad [\,t = x^2 + 2px + q\,]$$

$$\therefore \int \frac{2(x+p)\,dx}{(x^2+2px+q)^n} = \begin{cases} \dfrac{-1}{(n-1)(x^2+2px+q)^{n-1}} & (n \neq 1) \\ \log(x^2+2px+q) & (n = 1) \end{cases}$$

5. 最後に $I_n = \displaystyle\int \dfrac{dx}{(x^2+2px+q)^n}$ とおく $(p^2 - q < 0)$．$n = 1$ のときは，

$$\int \frac{dx}{x^2+a^2} = \frac{1}{a}\arctan\frac{x}{a}$$

であるから，

$$I_1 = \int \frac{dx}{x^2+2px+q} = \frac{1}{\sqrt{q-p^2}} \arctan \frac{x+p}{\sqrt{q-p^2}}$$

である．一般の $n \geq 2$ に対しては簡潔な結果にはならない．

注意 3.6　$x^2 + 2px + q = (x+p)^2 + c^2 \ (c = \sqrt{q-p^2})$ であるから，

$$I_n = \int \frac{dx}{(x^2+2px+q)^n} = \frac{1}{c^{2n-1}} \int \frac{dt}{(t^2+1)^n} \qquad [x+p = c\,t].$$

あらためて $I_n = \displaystyle\int \dfrac{dx}{(x^2+1)^n}$ とおくと，次が成立する．

$$I_{n+1} = \frac{2n-1}{2n} I_n + \frac{x}{2n(x^2+1)^n} \qquad (n = 1, 2, 3, \dots)$$

参考　I_n を書き下せば次のようになる．以下で，記号 **!!** は，階乗において，奇数のみ，偶数のみの積を表す．p.112 参照．

例：$9!! = 1 \cdot 3 \cdot 5 \cdot 7 \cdot 9, \quad 10!! = 2 \cdot 4 \cdot 6 \cdot 8 \cdot 10$.

$$\int \frac{dx}{(x^2+1)^n} = \frac{(2n-3)!!}{(2n-2)!!} \left(\arctan x + \sum_{k=1}^{n-1} \frac{(2k-2)!!}{(2k-1)!!} \frac{x}{(x^2+1)^k} \right)$$

$$= \frac{1}{2(n-1)} \left\{ \frac{x}{(x^2+1)^{n-1}} + \frac{2n-3}{2n-4} \frac{x}{(x^2+1)^{n-2}} \right.$$

$$+ \frac{(2n-3)(2n-5)}{(2n-4)(2n-6)} \frac{x}{(x^2+1)^{n-3}} + \cdots$$

$$\left. + \frac{(2n-3)(2n-5)\cdots 3}{(2n-4)(2n-6)\cdots 2} \frac{x}{x^2+1} \right\}$$

$$+ \frac{(2n-3)(2n-5)\cdots 3 \cdot 1}{(2n-2)(2n-4)\cdots 4 \cdot 2} \arctan x.$$

たとえば $n=2$ のとき：$\displaystyle \int \frac{dx}{(x^2+1)^2} = \frac{x}{2(x^2+1)} + \frac{1}{2} \arctan x.$

以上より，理論的には，

　　有理関数の原始関数は対数関数と逆3角関数の範囲で表すことができる

ことが示された．

注意 3.7 分母の因数分解は理論上可能であるが，具体的に分解できるとは限らない．たとえば，$\displaystyle \int \frac{dx}{x^3-6x+3}$ について，$x^3 - 6x + 3 = (x-\alpha)(x-\beta)(x-\gamma)$ とするとき，α, β, γ を用いて積分を表すことができるが，α, β, γ がどう表されるかは別問題である．

例 3.5 例 3.4 の関数の積分 $\displaystyle I = \int \frac{x^2-9}{(x+2)(x+1)^2(x^2+1)} dx$ について，

$$I = \int \left(\frac{-1}{x+1} + \frac{-4}{(x+1)^2} + \frac{-1}{x+2} + \frac{2x+1}{x^2+1} \right) dx$$

$$= -\log|x+1| + \frac{4}{x+1} - \log|x+2| + \log(x^2+1) + \arctan x$$

$$= \frac{4}{x+1} + \log \frac{x^2+1}{|(x+1)(x+2)|} + \arctan x.$$

例 3.6 上の例の関数 $f(x) = \dfrac{x^2 - 9}{(x+2)(x+1)^2(x^2+1)}$ の定積分:

$$\int_0^1 f(x)\,dx = \left[\dfrac{4}{x+1} + \log\dfrac{x^2+1}{|(x+1)(x+2)|} + \arctan x\right]_0^1$$
$$= -2 + \log\dfrac{2}{3} + \dfrac{\pi}{4}.$$

問 3.2 次を求めよ.
(1) $\displaystyle\int \dfrac{dx}{(x-a)(x-b)}$ $(a \neq b)$ (2) $\displaystyle\int \dfrac{3x^2+5x-2}{(x+3)(x^2+1)}\,dx$
(3) $\displaystyle\int \dfrac{2x+4}{(x+1)^2(x^2+1)}\,dx$, $\displaystyle\int_0^1 \dfrac{2x+4}{(x+1)^2(x^2+1)}\,dx$
(4) $\displaystyle\int \dfrac{dx}{1-x^4}$, $\displaystyle\int_0^{1/\sqrt{3}} \dfrac{dx}{1-x^4}$ (5) $\displaystyle\int \dfrac{dx}{x(2x^2-2x+1)}$

3.3.2 3角関数の原始関数

1. $\displaystyle\int f(\sin x)\cos x\,dx = \int f(t)\,dt$ $\bigl(t = \sin x,\ \cos x\,dx = dt\bigr)$.
2. $\displaystyle\int f(\cos x)\sin x\,dx = -\int f(t)\,dt,$ $\bigl(t = \cos x,\ \sin x\,dx = -dt\bigr)$.
3. **1, 2** は特殊な形であるが, 一般には:

$$t = \tan\dfrac{x}{2}, \quad (x = 2\arctan t) \quad \begin{cases} \sin x = \dfrac{2t}{1+t^2}, \\ \cos x = \dfrac{1-t^2}{1+t^2}, \\ \left(\tan x = \dfrac{2t}{1-t^2}\right), \end{cases} \quad dx = \dfrac{2\,dt}{1+t^2}. \quad (3.10)$$

$$\int f(\sin x, \cos x)\,dx = \int f\Bigl(\dfrac{2t}{1+t^2}, \dfrac{1-t^2}{1+t^2}\Bigr)\dfrac{2}{1+t^2}\,dt.$$

例 3.7 $I = \displaystyle\int \dfrac{dx}{\cos x}$, $J = \displaystyle\int \dfrac{dx}{\sin x}$ を求めよ.

解 1 $I = \displaystyle\int \frac{\cos x \, dx}{\cos^2 x} = \int \frac{\cos x \, dx}{1 - \sin^2 x}$ と変形して，$\sin x = t$ とおくと，

$$I = \int \frac{dt}{1-t^2} = \frac{1}{2} \int \left(\frac{1}{t+1} - \frac{1}{t-1} \right) dt = \frac{1}{2} \log \left| \frac{t+1}{t-1} \right|,$$

$$\therefore \ I = \frac{1}{2} \log \frac{1 + \sin x}{1 - \sin x} = \log \frac{1 + \sin x}{|\cos x|}.$$

解 2 (3.10) により，$t = \tan \dfrac{x}{2}$ とおくと，

$$I = \int \frac{1}{\frac{1-t^2}{1+t^2}} \frac{2}{1+t^2} \, dt = \log \left| \frac{t+1}{t-1} \right| = \log \left| \frac{1 + \tan \frac{x}{2}}{1 - \tan \frac{x}{2}} \right|.$$

なお，(3.10) より，

$$\frac{1+\sin x}{1-\sin x} = \left(\frac{1+t}{1-t} \right)^2, \quad \frac{1+\sin x}{\cos x} = \frac{1+t}{1-t}.$$

J についても同様であるが，I において $x = \dfrac{\pi}{2} - t$ とおくと，

$$J = -\int \frac{dt}{\cos t} = -\log \frac{1 + \sin t}{|\cos t|} = -\log \frac{1 + \cos x}{|\sin x|} = \log \frac{1 - \cos x}{|\sin x|}.$$

問 3.3 次を求めよ．

(1) $\displaystyle\int \frac{\sin x}{(1+\cos x)^2} \, dx$, $\displaystyle\int_0^{\pi/4} \frac{\sin x}{(1+\cos x)^2} \, dx$

(2) $\displaystyle\int \frac{\cos x}{(1+\cos x)^2} \, dx$, $\displaystyle\int_0^{\pi/2} \frac{\cos x}{(1+\cos x)^2} \, dx$

(3) $\displaystyle\int \frac{\sin x}{\sin x + \cos x} \, dx$, $\displaystyle\int_0^{\pi/4} \frac{\sin x}{\sin x + \cos x} \, dx$

3.3.3 無理関数の原始関数

被積分関数に $\varphi(x) = \sqrt{2\text{次関数}}$ が現れる場合を扱う．$\varphi(x)$ を次の 3 型に分けて考える $(a > 0)$．：

1. $\varphi(x) = \sqrt{a^2 - x^2}$ **2**. $\varphi(x) = \sqrt{x^2 - a^2}$ **3**. $\varphi(x) = \sqrt{x^2 + a^2}$.

それぞれ, 次の (a) または (b) の変換により置換積分すれば, 3 角関数の積分となる.

1. (a) $x = a\sin\theta$　　　　(b) $x = a\cos\theta$
2. (a) $x = a\operatorname{cosec}\theta = \dfrac{a}{\sin\theta}$　　(b) $x = a\sec\theta = \dfrac{a}{\cos\theta}$
3. (a) $x = a\tan\theta$　　　　(b) $x = a\cot\theta = \dfrac{a}{\tan\theta}$

> 問 3.4　これらの変換により, $\varphi(x)$ を θ を用いて表せ.

注意 3.8　さらに, $t = \tan(\theta/2)$ とおいて (3.10) と組み合わせれば, 以下の (A) または (B) の変数変換により, 3 角関数を経由しないですむ.

1. $\varphi(x) = \sqrt{a^2 - x^2}$:　(A) $x = a\dfrac{2t}{1+t^2}$　　(B) $x = a\dfrac{1-t^2}{1+t^2}$
2. $\varphi(x) = \sqrt{x^2 - a^2}$:　(A) $x = a\dfrac{1+t^2}{2t}$　　(B) $x = a\dfrac{1+t^2}{1-t^2}$
3. $\varphi(x) = \sqrt{x^2 + a^2}$:　(A) $x = a\dfrac{2t}{1-t^2}$　　(B) $x = a\dfrac{1-t^2}{2t}$

注意 3.9　2. (A), 3. (B) は $\varphi(x) = \sqrt{x^2 + c}$ に対して, 共通に
$$t = x \pm \sqrt{x^2 + c}\quad (\pm\ \text{はどちらでもよい})$$
とおいてよい.

> 問 3.5　これらの変換 (A), (B) により, $\varphi(x)$ を t を用いて表せ.

例 3.8　$I = \displaystyle\int \dfrac{dx}{\sqrt{x^2 - 1}}\quad (x > 1)$ を求めよ.

解 1　$x = \dfrac{1}{\cos\theta}\quad \left(0 < \theta < \dfrac{\pi}{2}\right)$ とおくと,
$$dx = \dfrac{\sin\theta}{\cos^2\theta}\,d\theta,\quad \sqrt{x^2 - 1} = \dfrac{\sin\theta}{\cos\theta}$$
$$\therefore\ I = \int \dfrac{\cos\theta}{\sin\theta} \cdot \dfrac{\sin\theta}{\cos^2\theta}\,d\theta = \int \dfrac{d\theta}{\cos\theta} = \log\dfrac{1+\sin\theta}{\cos\theta}\quad (\text{例 3.7 より})$$

ここで，$\sin\theta = \sqrt{1-\cos^2\theta} = \sqrt{1-(1/x)^2}$ であるから，
$$I = \log\left(x + \sqrt{x^2-1}\right).$$

注 $x = \dfrac{1}{\sin\theta}$ とおくと，途中
$$I = -\int \frac{d\theta}{\sin\theta} = -\log\frac{1-\cos\theta}{\sin\theta}$$
となるが，結果は同じである．

解2 $x = \dfrac{1+t^2}{2t}$ $(0 < t < 1)$ とおくと，
$$\sqrt{x^2-1} = \frac{1-t^2}{2t}, \quad dx = \frac{t^2-1}{2t^2}dt, \quad t = x - \sqrt{x^2-1},$$
$$I = \int \frac{2t}{1-t^2}\frac{t^2-1}{2t^2}dt = -\log|t| = \log\left(x+\sqrt{x^2-1}\right).$$

解3 $x = \dfrac{1+t^2}{1-t^2}$ $(0 < t < 1)$ とおくと，
$$\sqrt{x^2-1} = \frac{2t}{1-t^2}, \quad dx = \frac{4t}{(t^2-1)^2}dt, \quad t = \sqrt{\frac{x-1}{x+1}},$$
$$I = \int \frac{1-t^2}{2t}\frac{4t}{(1-t^2)^2}dt = -\int \frac{2\,dt}{t^2-1} = \log\left|\frac{t+1}{t-1}\right|$$
$$\therefore\ I = \log\frac{\sqrt{x+1}+\sqrt{x-1}}{\sqrt{x+1}-\sqrt{x-1}}$$

問 3.6 (1) $\displaystyle\int \frac{dx}{x\sqrt{x^2-a^2}}$ $(x > a,\ a > 0)$ を次の (i)〜(iv) の4通りの置換積分により求めよ．

(i) $x = a\dfrac{1+t^2}{1-t^2}$　(ii) $x = a\dfrac{1+t^2}{2t}$　(iii) $x = \dfrac{a}{\cos t}$　(iv) $\sqrt{x^2-a^2} = t$

(2) $\displaystyle\int_{\sqrt{2}}^{2} \frac{dx}{x\sqrt{x^2-1}}$ を求めよ．

問 3.7 次の各公式を確かめよ．

(1) $\displaystyle\int \sqrt{a^2-x^2}\,dx = \frac{1}{2}\left(x\sqrt{a^2-x^2} + a^2\arcsin\frac{x}{a}\right)$

(2) $\displaystyle\int \frac{1}{\sqrt{a^2-x^2}}\,dx = \arcsin\frac{x}{a}$

(3) $\int \sqrt{x^2+a}\,dx = \dfrac{1}{2}x\sqrt{x^2+a} + \dfrac{a}{2}\log\left|x+\sqrt{x^2+a}\right|$

(4) $\int \dfrac{1}{\sqrt{x^2+a}}\,dx = \log\left|x+\sqrt{x^2+a}\right|$

3.3.4 初等関数では表されない積分*

初等関数では表すことができない積分の代表的な例として，次のようなものがある．

$$\int \sqrt{x^3+1}\,dx, \qquad \int \sqrt{x^4+1}\,dx, \qquad \int \sqrt[3]{1-x^2}\,dx,$$

$$\int \dfrac{\sin x}{x}\,dx, \qquad \int \dfrac{\arcsin x}{x}\,dx, \qquad \int \sin(x^2)\,dx,$$

$$\int x^x\,dx, \qquad \int e^{x^2}\,dx, \qquad \int \dfrac{e^x}{x}\,dx,$$

$$\int \dfrac{1}{\log x}\,dx, \qquad \int e^x \tan x\,dx, \qquad \int \log \sin x\,dx.$$

3.4 広義積分

これまで，定積分 $\int_a^b f(x)\,dx = \Bigl[F(x)\Bigr]_a^b$ $(F'(x)=f(x))$ を考えるとき，区間 $[a,b]$ の有界性および関数の連続性を常に仮定してきた．積分区間が有限閉区間とは限らないときの定積分を新たに定義する．

以下では，$\alpha=-\infty$ あるいは $\beta=+\infty$ でもよい．$f(x)$ が開区間 (α,β) で連続で，原始関数を $F(x)$ とするとき，

$$\int_\alpha^\beta f(x)\,dx = \lim_{\substack{b\uparrow\beta\\a\downarrow\alpha}} \int_a^b f(x)\,dx = \lim_{\substack{b\uparrow\beta\\a\downarrow\alpha}} \Bigl[F(x)\Bigr]_a^b$$

$$= \lim_{\substack{b\uparrow\beta\\a\downarrow\alpha}} (F(b)-F(a)) = \lim_{b\uparrow\beta} F(b) - \lim_{a\downarrow\alpha} F(a) \quad (3.11)$$

によって α から β までの定積分を定義する．これを**広義積分**という．また $\alpha=-\infty$ あるいは $\beta=+\infty$ のときは**無限積分**ともいう．(3.11) の右辺は極限

であるから，広義積分は収束する（確定する）とは限らない．2つの極限
$$\lim_{a \downarrow \alpha} F(a), \quad \lim_{b \uparrow \beta} F(b)$$
がともに有限な極限を持つときのみ，この広義積分は収束する．例 3.14 参照．
$-\infty < \alpha < +\infty$ あるいは $-\infty < \beta < +\infty$ のとき，通常の積分と区別して（極限であることを強調して）
$$\int_{\alpha+0}^{\beta} f(x)\,dx = \Bigl[F(x)\Bigr]_{\alpha+0}^{\beta} = F(\beta) - F(\alpha + 0),$$
$$\int_{\alpha}^{\beta-0} f(x)\,dx = \Bigl[F(x)\Bigr]_{\alpha}^{\beta-0} = F(\beta - 0) - F(\alpha)$$
などの記法も用いる．

注意 3.10 $f(x)$ が半開区間 $[\alpha, \beta)$ で連続であるとき，
$$\int_{\alpha}^{\beta} f(x)\,dx = \lim_{b \uparrow \beta} \int_{\alpha}^{b} f(x)\,dx = \lim_{b \uparrow \beta} \Bigl[F(x)\Bigr]_{\alpha}^{b} = \lim_{b \uparrow \beta} F(b) - F(\alpha).$$
極限は一方のみでよい．$f(x)$ が半開区間 $(\alpha, \beta]$ で連続であるときも同様である．

例 3.9 $I = \int_0^1 \dfrac{1}{\sqrt{x}}\,dx = \int_{+0}^1 x^{-\frac{1}{2}}\,dx$ について，
$$I = \lim_{X \to +0} \int_X^1 \frac{1}{\sqrt{x}}\,dx = \lim_{X \to +0} \Bigl[2\sqrt{x}\Bigr]_X^1 = \lim_{X \to +0}(2 - 2\sqrt{X}) = 2.$$
この極限は容易なので，次のように計算してもよい．
$$\int_{+0}^1 x^{-\frac{1}{2}}\,dx = \Bigl[2\sqrt{x}\Bigr]_{+0}^1 = 2 - 2\sqrt{+0} = 2.$$
ここで，$\sqrt{+0}$ は $\lim_{X \to +0} \sqrt{X}$ の意味である．同様に，
$$\int_0^1 \frac{1}{x^2}\,dx = \int_{+0}^1 x^{-2}\,dx = \Bigl[-\frac{1}{x}\Bigr]_{+0}^1 = -1 + \frac{1}{+0} = +\infty,$$
$$\int_0^1 \frac{1}{x}\,dx = \int_{+0}^1 x^{-1}\,dx = \Bigl[\log x\Bigr]_{+0}^1 = 0 - \log(+0) = +\infty.$$
一般に
$$\int_0^1 x^s\,dx = \begin{cases} \dfrac{1}{s+1} & (s > -1), \\ +\infty & (s \leqq -1). \end{cases}$$

例 3.10

$$\int_1^\infty x^s\,dx = \begin{cases} \left[\dfrac{x^{s+1}}{s+1}\right]_1^{+\infty} = \dfrac{(+\infty)^{s+1}-1}{s+1} = \begin{cases} -\dfrac{1}{s+1} & (s<-1), \\ +\infty & (s>-1), \end{cases} \\ \Big[\log x\Big]_1^{+\infty} = \log(+\infty) = +\infty & (s=-1). \end{cases}$$

注意 3.11 この積分で $x = \dfrac{1}{t}$ によって置換積分すれば,

$$dx = -\frac{1}{t^2}\,dt, \quad \begin{array}{c|c} x & 1 \to +\infty \\ \hline t & 1 \to +0 \end{array}$$

より, 例 3.9 に帰着する:

$$\int_1^\infty x^s\,dx = \int_1^{+0} \frac{1}{t^s}\frac{-dt}{t^2} = \int_{+0}^1 t^{-s-2}\,dt = \begin{cases} -\dfrac{1}{-s-2+1} & (-s-2>-1), \\ +\infty & (-s-2\leqq -1). \end{cases}$$

このように, **広義積分でも置換積分を用いてよい**.

例 3.11 例 3.5 の関数 $f(x) = \dfrac{x^2-9}{(x+2)(x+1)^2(x^2+1)}$ の積分について,

$$\int_0^\infty f(x)\,dx = \left[\frac{4}{x+1} + \log\frac{x^2+1}{|(x+1)(x+2)|} + \arctan x\right]_0^{+\infty}$$
$$= \frac{\pi}{2} - 4 + \log 2.$$

例 3.12 $\displaystyle\int_0^\infty e^{-x}\,dx = \Big[-e^{-x}\Big]_0^{+\infty} = -e^{-\infty} + 1 = -0 + 1 = 1.$

例 3.13 $\displaystyle\int_{-\infty}^\infty \frac{dx}{x^2+1} = \Big[\arctan x\Big]_{-\infty}^{+\infty} = \frac{\pi}{2} - \left(-\frac{\pi}{2}\right) = \pi.$

あるいは, $x = \tan t$ とおくと,

$$\frac{1}{x^2+1} = \cos^2 t, \quad dx = -\frac{dt}{\cos^2 t}, \quad \begin{array}{c|ccc} x & -\infty & \to & +\infty \\ \hline t & -\dfrac{\pi}{2}+0 & \to & \dfrac{\pi}{2}-0 \end{array}$$

より,

$$\int_{-\infty}^\infty \frac{dx}{x^2+1} = \int_{-\frac{\pi}{2}+0}^{\frac{\pi}{2}-0} \cos^2 t\,\frac{dt}{\cos^2 t} = \left(\frac{\pi}{2}-0\right) - \left(-\frac{\pi}{2}+0\right) = \pi.$$

例 **3.14**
$$\int_{-\infty}^{\infty} 2x\,dx = \left[x^2\right]_{-\infty}^{+\infty} = (+\infty) - (+\infty).$$
であるが，この広義積分は収束しない．丁寧に書くと
$$\int_{-\infty}^{\infty} 2x\,dx \lim_{\substack{b\to+\infty\\a\to-\infty}} \int_a^b 2x\,dx = \lim_{b\to+\infty} b^2 - \lim_{a\to-\infty} a^2$$
であり，最後の 2 つの極限がともに収束するときのみ，この広義積分は収束するのであった．

積分区間内に不連続点があるときは，不連続点で区間を分割して**不連続点はつねに積分区間の端点に置く**．たとえば，区間 (α, β) において，$x = \gamma, \delta$ $(\alpha < \gamma < \delta < \beta)$ が $f(x)$ の不連続点であるとき，
$$\int_\alpha^\beta f(x)\,dx = \int_\alpha^{\gamma-0} f(x)\,dx + \int_{\gamma+0}^{\delta-0} f(x)\,dx + \int_{\delta+0}^\beta f(x)\,dx$$
のように分割する．この場合，右辺の 3 つの広義積分がすべて収束するときのみ，この広義積分は収束する．

例 **3.15** $I = \int_{-1}^{1} \dfrac{dx}{x}$ を求めよ．

解 $x = 0$ が不連続点である．
$$I = \left\{\int_{-1}^{-0} + \int_{+0}^{1}\right\} \frac{dx}{x} = \left[\log|x|\right]_{-1}^{-0} + \left[\log|x|\right]_{+0}^{1} = (-\infty) + (+\infty).$$
ゆえにこの積分は発散する．

注意 **3.12** $\int_{-1}^{1} \dfrac{dx}{x} = \left[\log|x|\right]_{-1}^{1} = 0$ は誤りである．

問 **3.8** 次を求めよ．
(1) $\int_{-1}^{1} \dfrac{dx}{x^2}$ (2) $\int_{0}^{1} \log x\,dx$ (3) $\int_{1}^{\infty} \dfrac{dx}{x^2 + x}$
(4) $\int_{0}^{\infty} xe^{-ax}\,dx$ (5) $\int_{1}^{\infty} \dfrac{dx}{(x+1)(x^2+1)}$ (6) $\int_{1}^{\infty} \dfrac{dx}{x\sqrt{x^2-1}}$

3.5 積分で定義された関数, ベータ関数とガンマ関数*

確率統計などに現れる積分

$$\int_0^\infty e^{-x^2}dx = \lim_{X \to +\infty} F(X), \quad F(X) = \int_0^X e^{-x^2}dx$$

は原始関数 $F(x)$ を求めることができないので, この値を直接計算することができない. 前節の例 3.9 では,

$$f(s) = \int_0^1 x^s\,dx \implies f(s) = \frac{1}{s+1} \quad (s > -1)$$

のように, 媒介変数 s を含んだ積分値が具体的な s の関数として表されたが, 応用上重要な関数

$$\Gamma(x) = \int_0^\infty t^{x-1}e^{-t}\,dt$$

などは具体的な x の式で表すことができない. この積分がどの x の範囲で収束するのか, さらにその範囲で $\Gamma(x)$ はどのような性質を持つのかを知ることは重要である (→ 例 3.18).

広義積分の収束性.

$$\int_\alpha^\beta f(x)\,dx = \lim_{\substack{Y \uparrow \beta \\ X \downarrow \alpha}} \int_X^Y f(x)\,dx \tag{3.12}$$

において, もし $f(x) \geqq 0 \ (\alpha < x < \beta)$ であるとき, 積分範囲が大きいほど積分値が大きくなるから (単調増加), (3.12) の極限は $+\infty$ か, もしくは有限値に収束する.

定理 3.10 $f(x)$ が $\alpha < x < \beta$ で連続で $f(x) \geqq 0$ であるとき,

(1) $\displaystyle\int_\alpha^\beta f(x)\,dx$ が収束する $\iff \displaystyle\int_\alpha^\beta f(x)\,dx < +\infty$.

(2) $\displaystyle\int_\alpha^\beta f(x)\,dx$ が発散する $\iff \displaystyle\int_\alpha^\beta f(x)\,dx = +\infty$.

注意 3.13 定理において, $\alpha < A \leqq B < \beta$ に対して,

$$\int_\alpha^\beta = \int_\alpha^A + \int_A^B + \int_B^\beta$$

と分割すると，右辺の第2項は通常の積分であるから，

$$\int_\alpha^\beta < +\infty \iff \int_\alpha^A < +\infty, \text{ かつ } \int_B^\beta < +\infty$$

である．A, B は任意に選んでよい．

例 3.16 $\int_0^\infty e^{-x^2} dx$ は収束する．

証明* $\int_1^\infty e^{-x^2} dx \leq \int_1^\infty e^{-x} dx = e^{-1} < +\infty$ より．

注意 3.14 次の公式は p.94，第4章 例 4.7 で示される．

$$\int_0^\infty e^{-x^2} dx = \frac{\sqrt{\pi}}{2}. \tag{3.13}$$

ベータ関数とガンマ関数

例 3.17 (ベータ関数) $B(p,q) = \int_0^1 x^{p-1}(1-x)^{q-1} dx \ (p > 0, q > 0)$ は収束する．2変数関数 $B(p,q)$ をベータ関数という．

$$B(p,q) = B(q,p)$$

が成り立つ．

証明* この積分は $p < 1$ のときは $x = 0$ において，$q < 1$ のときは $x = 1$ において広義積分である．$\int_{+0}^{1-0} = \int_{+0}^{1/2} + \int_{1/2}^{1-0}$ と分けて考える．

$$B_0(p,q) = \int_{+0}^{1/2} x^{p-1}(1-x)^{q-1} dx, \quad B_1(p,q) = \int_{1/2}^{1-0} x^{p-1}(1-x)^{q-1} dx$$

とおく．$(1-x)^{q-1}$ の $0 \leq x \leq 1/2$ における最大値を M とおく．例 3.9 により，$p > 0$ ならば

$$B_0(p,q) \leq M \int_0^{1/2} x^{p-1} dx < +\infty.$$

B_1 については，$x = 1 - t$ によって置換積分すると，

$$B_1(p,q) = B_0(q,p), \quad B(q,p) = B(p,q)$$

であるから，$q > 0$ ならば

$$B_1(p,q) = B_0(q,p) < +\infty \quad \therefore \ B(p,q) = B_0(p,q) + B_1(p,q) < +\infty.$$

3.5 積分で定義された関数,ベータ関数とガンマ関数*

例 3.18 (ガンマ関数) $\quad \Gamma(s) = \displaystyle\int_0^\infty x^{s-1} e^{-x} dx \quad (s > 0)$

は収束する. $\Gamma(s)$ を**ガンマ関数**という.

証明* ガンマ関数の収束性:積分区間を $(0, 1]$ と $[1, +\infty)$ に分けて考える.
$0 < e^{-x} \leqq 1\ (x > 0)$ であるから,例 3.9 により,$s > 0$ ならば

$$\int_{+0}^1 x^{s-1} e^{-x}\, dx \leqq \int_{+0}^1 x^{s-1}\, dx < +\infty. \tag{3.14}$$

$x^{2s} e^{-x}$ の $x > 0$ での最大値を M とする(たとえば増減を調べて $x = 2s$ のとき $M = (2se^{-1})^{2s}$).例 3.10 より

$$x^{s-1} e^{-x} \leqq M\, x^{-s-1}. \quad \therefore \int_1^\infty x^{s-1} e^{-x}\, dx \leqq M \int_1^\infty x^{-s-1}\, dx < +\infty.$$

(3.14) とあわせて,$\Gamma(s)\ (s > 0)$ は収束する.

問 3.9 次を示せ.
(1) $\Gamma(s+1) = s\,\Gamma(s) \quad (s > 0)$
(2) $\Gamma(n) = (n-1)! \quad (n = 1, 2, \ldots)$

注意 3.15 次の公式が成り立つ(p.94,第 4 章 例 4.8): $\quad B(p, q) = \dfrac{\Gamma(p)\Gamma(q)}{\Gamma(p+q)}$

問 3.10 (3.13) を用いて,
(1) $\Gamma\left(\dfrac{1}{2}\right)$ の値を求めよ.
(2) $\displaystyle\int_{-\infty}^\infty a\, e^{-b\, x^2}\, dx = 1$ を満たす正数 $a,\ b$ の関係式を求めよ.

絶対収束

定理 3.11 $\displaystyle\int_\alpha^\beta |f(x)|\, dx$ が収束するならば,$\displaystyle\int_\alpha^\beta f(x)\, dx$ も収束する.
このとき,$\displaystyle\int_\alpha^\beta f(x)\, dx$ は**絶対収束**するという.

証明 $f_+(x) = \dfrac{|f(x)| + f(x)}{2}, \quad f_-(x) = \dfrac{|f(x)| - f(x)}{2}$

とおくと,

$$f(x) = f_+(x) - f_-(x), \quad |f(x)| = f_+(x) + f_-(x), \quad 0 \leqq f_\pm(x) \leqq |f(x)|$$

であるから, $\int_\alpha^\beta f_\pm(x)\,dx$ は収束する. ゆえに,

$$\int_\alpha^\beta f(x)\,dx = \int_\alpha^\beta f_+(x)\,dx - \int_\alpha^\beta f_-(x)\,dx$$

も収束する.

例 3.19 定理 3.11 の逆は成立しない. 収束するが絶対収束しない広義積分の例:

$$\int_0^\infty \frac{\sin x}{x}\,dx = \frac{\pi}{2}, \qquad \int_0^\infty \frac{|\sin x|}{x}\,dx = +\infty$$

(p.95, 例 4.9 参照).

問 3.11 次の積分の収束発散を調べよ (積分値は求めなくともよい).

(1) $\displaystyle\int_0^\infty \frac{\sin x + \cos x}{x^2 + 1}\,dx$ \qquad (2) $\displaystyle\int_1^\infty \frac{\log x}{x}\,dx$

3.6 曲線の長さ

助変数 t を用いて表される平面曲線

$$C : x = x(t),\ y = y(t) \quad (\alpha \leqq t \leqq \beta)$$

は, t を時間とみなすとき, 平面内の点の運動を表す. $x(t), y(t)$ がともに C^1 級関数 (運動が滑らか) であるとき, ベクトル $\mathrm{P}'(t) = \begin{bmatrix} x'(t) \\ y'(t) \end{bmatrix}$ は時刻 t での速度 (ベクトル) で, その大きさ (速さ) $v(t)$ は

$$v(t) = \sqrt{(x'(t))^2 + (y'(t))^2}$$

である. したがって, これを積分すれば $t = \alpha$ から $t = \beta$ までの点 P の移動距離が得られる.

定理 3.12　曲線 $C: x = x(t), y = y(t)$　$(\alpha \leqq t \leqq \beta)$ の長さ s は次で与えられる：
$$s = \int_\alpha^\beta \sqrt{(x'(t))^2 + (y'(t))^2}\, dt = \int_\alpha^\beta \sqrt{\left(\frac{dx}{dt}\right)^2 + \left(\frac{dy}{dt}\right)^2}\, dt$$
$$\boldsymbol{ds = \sqrt{dx^2 + dy^2}}, \quad \text{または} \quad \boldsymbol{ds^2 = dx^2 + dy^2}.$$

空間曲線についても同様に，
$$\boldsymbol{ds = \sqrt{dx^2 + dy^2 + dz^2}}, \quad \text{または} \quad \boldsymbol{ds^2 = dx^2 + dy^2 + dz^2}$$
となる．

系 3.13　曲線 $y = f(x)$ $(a \leqq x \leqq b)$ の長さ s は
$$s = \int_a^b \sqrt{1 + (f'(t))^2}\, dx = \int_a^b \sqrt{1 + \left(\frac{dy}{dx}\right)^2}\, dx.$$

例 3.20　次式で与えられる曲線 $(0 \leqq \theta \leqq 2\pi)$ の長さを求めよ．
$$x = (1 + \cos\theta)\cos\theta,\ y = (1 + \cos\theta)\sin\theta \tag{3.15}$$

解　$x'(\theta)^2 + y'(\theta)^2 = 2(1 + \cos\theta) = 4\sin^2\dfrac{\theta}{2}$ より，長さは
$$\int_0^{2\pi} 2\sin\frac{\theta}{2}\, d\theta = 8.$$

注意 3.16　(3.15) を $x = r\cos\theta,\ y = r\sin\theta$ による**極座標表示**すれば，
$$r = 1 + \cos\theta$$
である．これより $r^2 = r + r\cos\theta (= r + x)$．ここで $r^2 = x^2 + y^2$ であるから，(3.15) は x, y 座標では $(x^2 + y^2 - x)^2 = x^2 + y^2$ となる．したがって，(3.15) の表す曲線は p. 45 例 2.10 の cardioid （の x と y を入れ替えたもの）である（図 2.11 参照）．

問 3.12　次の曲線の長さを求めよ．
　(1) $y = \dfrac{1}{2}(e^x + e^{-x})(= \cosh x)$　$(0 \leq x \leq a)$　　(2) $y = \dfrac{3}{2}x^{2/3}$　$(0 \leq x \leq 1)$

(3) $x = e^\theta \cos\theta,\ y = e^\theta \sin\theta\ (0 \leq \theta < +\infty)$

練習問題 3

3.1 次を求めよ．
(1) $\displaystyle\int x^p \log x\, dx\ (p \neq -1)$
(2) $\displaystyle\int \frac{(\log x)^p}{x}\, dx$
(3) $\displaystyle\int x^3 e^{x^2}\, dx$
(4) $\displaystyle\int \frac{1}{x^3 + 1}\, dx$
(5) $\displaystyle\int \frac{dx}{(x+a)(x+b)^2}\ (a \neq b)$
(6) $\displaystyle\int \frac{dx}{(x+a)(x^2+1)}$
(7) $\displaystyle\int \frac{1}{(x+a)^2 (x^2+1)}\, dx$
(8) $\displaystyle\int \frac{\sin^2 x}{(1+\cos x)^2}\, dx$
(9) $\displaystyle\int \frac{dx}{a^2 \cos^2 x + b^2 \sin^2 x}\ (ab \neq 0)$
(10) $\displaystyle\int \frac{dx}{(x^2+1)\sqrt{x^2+2}}$

3.2 次を求めよ．
(1) $\displaystyle\int_0^\infty \frac{e^x}{(1+e^x)^2}\, dx$
(2) $\displaystyle\int_0^1 x^{p-1} \log x\, dx\quad (p > 0)$
(3) $\displaystyle\int_0^\pi \frac{\sin x}{1 + \sin x + \cos x}\, dx$
(4) $\displaystyle\int_0^a \frac{dx}{\sqrt{x(a-x)}}\quad (a > 0)$
(5) $\displaystyle\int_0^\infty x e^{-x^2}\, dx$
(6) $\displaystyle\int_1^\infty \frac{(x+1)}{x^2} e^{-x}\, dx$

3.3 $P(x) = \lambda e^{-\lambda x}\ (\lambda > 0)$ とする．次の $I,\ J,\ K$ の値を求めよ．
$$I = \int_0^\infty P(x)\, dx,\quad J = \int_0^\infty x P(x)\, dx,\quad K = \int_0^\infty (x - J)^2 P(x)\, dx.$$

3.4 次を求めよ．
$$I = \int e^{ax} \cos bx\, dx,\quad J = \int e^{ax} \sin bx\, dx$$

3.5 次を求めよ．ただし，$a > 0$ とする．
(1) $\displaystyle\int_0^\infty e^{-ax} \cos bx\, dx$
(2) $\displaystyle\int_0^\infty e^{-ax} \sin bx\, dx$

3.6 次を求めよ．ただし，$\cos\log x = \cos(\log x)$, $\sin\log x = \sin(\log x)$．

(1) $\displaystyle\int \cos\log x \, dx$ (2) $\displaystyle\int \sin\log x \, dx$

(3) $\displaystyle\int_0^1 \cos\log x \, dx$ (4) $\displaystyle\int_0^1 \sin\log x \, dx$

3.7 (1) $x = \pi - t$ で置換積分することにより次を示せ．
$$\int_0^\pi x f(\sin x)\, dx = \frac{\pi}{2}\int_0^\pi f(\sin x)\, dx$$

(2) $\displaystyle\int_0^\pi \frac{x\sin^3 x}{1+\cos^2 x}\, dx$ を求めよ．

3.8 $I_n = \displaystyle\int x^n e^{ax}\, dx \ (a\neq 0,\ n=0,1,2,\dots)$ とする．$I_n\ (n\geq 1)$ を I_{n-1} を用いて表せ．

3.9
$$\begin{cases} C_n = \displaystyle\int_0^\infty x^n e^{-ax}\cos bx\, dx \\ S_n = \displaystyle\int_0^\infty x^n e^{-ax}\sin bx\, dx \end{cases} \quad (a>0,\ n=0,1,2,\dots)$$
とする．$C_n, S_n\ (n\geq 1)$ を C_{n-1}, S_{n-1} を用いて表せ．
注 C_0, S_0 については **3.5** を見よ．

3.10 次を求めよ．

(1) $\displaystyle\int \frac{1}{x(\log x)(\log(\log x))^p}\, dx$ (2) $\displaystyle\int_{e^e}^\infty \frac{1}{x(\log x)(\log(\log x))^p}\, dx$

3.11 $n>0$ のとき，次を示せ．

(1) $\Gamma\left(\dfrac{1}{n}\right) = n\displaystyle\int_0^\infty e^{-x^n}\, dx$ (2) $\displaystyle\int_0^\infty e^{-x^n}\, dx = \Gamma\left(\dfrac{n+1}{n}\right)$

3.12 $\displaystyle\int_0^\infty \frac{\sin x}{x} = \frac{\pi}{2}$ であることを用いて次を求めよ．

(1) $\displaystyle\int_0^\infty \left(\frac{\sin x}{x}\right)^2 dx$ (2) $\displaystyle\int_0^\infty \frac{1-\cos x}{x^2}\, dx$ (3) $\displaystyle\int_0^\infty \frac{\sin(x^2)}{x}\, dx$

3.13 次の曲線の長さを求めよ．

(1) $y = \log(\cos x) \quad \left(0 \leqq x \leqq \dfrac{\pi}{3}\right)$

(2) **cycloid**: $x = a(t - \sin t),\ y = a(1 - \cos t) \quad (0 \leqq t \leqq 2\pi)$

3.14 曲線 C が極座標によって $r = r(\theta)\ (\alpha \leqq \theta \leqq \beta)$ で与えられるとき，すなわち直交座標で $x = r(\theta)\cos\theta,\ y = r(\theta)\sin\theta \quad (\alpha \leqq \theta \leqq \beta)$ であるとき，C の長さ s は次で与えられることを示せ．

$$s = \int_\alpha^\beta \sqrt{r^2 + (r')^2}\, d\theta \tag{3.16}$$

3.15 次の極座標表示によって与えられる曲線の長さを求めよ．

(1) $r = e^\theta \quad (|\theta| \leqq a)$ \qquad (2) $r = \dfrac{1}{\theta^2} \quad \left(\dfrac{3}{2} \leqq \theta < +\infty\right)$

3.16 複素数値関数 $f(x) = e^{ax}(\cos bx + i\sin bx)$ を考える ($a,\ b$：実数)．

(1) $f'(x) = (a + bi)f(x)$ であることを確かめよ．

注 Euler の公式より $f(x) = e^{(a+bi)x}$ であるが，これによらず直接確かめよ．

(2) (1) より得られる等式 $\displaystyle\int f(x)\,dx = \dfrac{1}{a+bi} f(x)$ と **3.4** の結果とを比較せよ．ただし，$a^2 + b^2 \neq 0$ とする．

3.17 複素数値関数 $f(x) = \cos\log bx + i\sin\log bx$ を考える (b：実数)．

(1) $(x^a f(x))' = (a + bi)x^{a-1}f(x)$ であることを確かめよ (a：実数)．

注 Euler の公式より $x^a f(x) = e^{(a+bi)\log x} = x^{a+bi}$ であるから，上の等式は $\left(x^A\right)' = A x^{A-1}\ (A = a + bi)$ を意味している．これを用いず直接確かめよ．

(2) (1) において $a = b = 1$ として得られる等式 $\displaystyle\int x^i\,dx = \dfrac{1}{1+i}x^{i+1}$，すなわち

$$\int (\cos\log x + i\sin\log x)\,dx = \dfrac{1}{1+i} x(\cos\log x + i\sin\log x)$$

と **3.6** の結果とを比較せよ．

3.18 C^1 級関数 $f(x)$ が，$x \geqq a$ で単調減少で，$f(+\infty) = 0$ であるとする．次の (1)，(2) を示すことによって，$\displaystyle\int_a^\infty f(x)\sin x\,dx$ は収束することを示せ．

(1) $\displaystyle\int_a^\infty |f'(x)\cos x|\,dx \leqq f(a)$.

(2) $\displaystyle\int_a^\infty f(x)\sin x\,dx = f(a)\cos a + \int_a^\infty f'(x)\cos x\,dx$

第4章

重積分

4.1 平面領域

xy 平面において，考える領域は有限個の滑らかな曲線を境界とするものとする．(十分大きな) 長方形に含まれる領域は**有界**であるという．境界点をすべて含む領域は**閉領域**，境界点を全然含まない領域は**開領域**であるという．領域が，連続関数を用いて（有限個の）不等式によって与えられるとき，不等号がすべて $\leqq$ または $\geqq$ であるときは閉領域で，不等号がすべて $<$ または $>$ であるときは開領域である．

例 4.1 　(1)　　$D_1 : x^2 + y^2 \leqq 1$ は有界閉領域．
　　　　　(2)　　$D_2 : x^2 + y^2 < 1$ は有界開領域．
　　　　　(3)　　$D_3 : x^2 \leqq y$ は有界でない閉領域．
　　　　　(4)　　$D_4 : x^2 < y$ は有界でない開領域．
　　　　　(5)　　$D_5 : x^2 \leqq y < 1$ は有界であるが，閉でも開でもない領域．

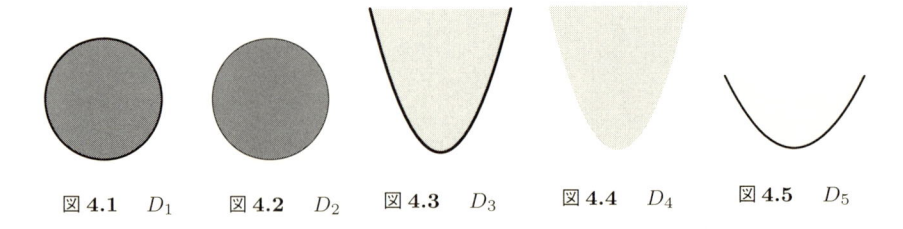

図 4.1 　D_1 　　図 4.2 　D_2 　　図 4.3 　D_3 　　図 4.4 　D_4 　　図 4.5 　D_5

1 変数関数と同様に，次の最大値・最小値の定理が成り立つ．

> **定理 4.1 (最大値・最小値の定理)** 有界閉領域 D 上の連続関数 $f(x,y)$ は D で最大値と最小値を持つ.

4.2 重積分

領域 D の面積を $\mu(D)$ で表す.

$$\mu(D) = D \text{ の面積}.$$

$f(x,y)$ を有界閉領域 D 上で $f \geqq 0$ であるような連続関数とする. 曲面 $z = f(x,y)$ $((x,y) \in D)$ と xy 平面の間の部分

$$\{(x,y,z) \mid 0 \leqq z \leqq f(x,y),\ (x,y) \in D\}$$

の体積を $f(x,y)$ の D 上の**重積分**といい,

$$\iint_D f(x,y)\,dxdy$$

で表す. とくに定数関数 1 の重積分は領域の面積に等しい:

$$\iint_D dxdy = \mu(D).$$

$f \geqq 0$ とは限らないとき, 十分大きな定数 c をとり,

$$f(x,y) + c \geqq 0 \quad ((x,y) \in D)$$

となるようにして, $f(x,y)$ の D 上の**重積分**(または **2 重積分**ともいう)を

$$\iint_D f(x,y)\,dxdy = \iint_D \{f(x,y)+c\}\,dxdy - c\,\mu(D)$$

によって定義する. これは c の選び方によらない. $f(x,y) \leqq 0$ の部分の体積を負とする考えと同じである.

参考 [Riemann 和による重積分の定義] 1 変数関数の定積分と同様に, 重積分は,「体積」を用いないで, Riemann 和の極限として定義される. $f(x,y)$ を有界閉領域

D 上の連続関数 とする. D を有限個の有界閉領域 $\{D_i\}$ に分割し,

$$\overline{S}(\{D_i\}) = \sum_i \max\{f(D_i)\}\,\mu(D_i),$$

$$\underline{S}(\{D_i\}) = \sum_i \min\{f(D_i)\}\,\mu(D_i)$$

とおく. また, 各小領域内に点 $(\xi_i, \eta_i) \in D_i$ を任意にとるとき,

$$\sum_i^n f(\xi_i, \eta_i)\,\mu(D_i)$$

を **Riemann 和**という.

$$\underline{S}(\{D_i\}) \leqq \text{Riemann 和} \leqq \overline{S}(\{D_i\}).$$

分割 $\{D_i\}$ の細かさを表すものとして,

$$|\{D_i\}| = \max_i |D_i|$$

を考える. ただし, $|D_i|$ は D_i の直径 (D_i 内の 2 点間の距離の最大値) を表す. 1 変数関数と同様に次が成り立ち, 重積分の存在が確定する.

定理 4.2 有界閉領域 D 上の連続関数 $f(x,y)$ に対して, $|\{D_i\}| \to 0$ とするとき, $\underline{S}(\{D_i\})$ および $\overline{S}(\{D_i\})$ は共通の極限をもつ.

この極限によって**重積分** $\iint_D f(x,y)\,dxdy$ が定義される.

系 4.3 $\displaystyle\iint_D f(x,y)\,dxdy = \lim_{|\{D_i\}|\to 0} \sum_i f(\xi_i, \eta_i)\,\mu(D_i).$

定理 4.4 領域 D, D_1, D_2 は有界閉領域,関数 f, g は D で連続とする.重積分は次の基本的性質を持つ.

(1) (**加法性**) 領域 D が 2 つの領域 D_1 と D_2 に分割されているとき,
$$\iint_D f(x,y)\,dxdy = \iint_{D_1} f(x,y)\,dxdy + \iint_{D_2} f(x,y)\,dxdy.$$

(2) (**線形性**)
$$\iint_D \{\alpha f(x,y) + \beta g(x,y)\}\,dxdy$$
$$= \alpha \iint_D f(x,y)\,dxdy + \beta \iint_D g(x,y)\,dxdy.$$

(3) (**単調性**) D で $f(x,y) \leqq g(x,y)$ ならば,
$$\iint_D f(x,y)\,dxdy \leqq \iint_D g(x,y)\,dxdy.$$
とくに,
$$\left|\iint_D f(x,y)\,dxdy\right| \leqq \iint_D |f(x,y)|\,dxdy.$$

定理 4.5 (重積分の平均値の定理) 連結な有界閉領域 D 上の連続関数 f に対して,
$$\frac{1}{\mu(D)} \iint_D f(x,y)\,dxdy = f(\xi, \eta)$$
を満たす $(\xi, \eta) \in D$ が存在する.左辺を D での $f(x,y)$ の**平均値** という.

4.3 累次積分

体積と積分

立体図形の体積は,x 軸に垂直な平面による切り口の面積を積分することによって得られる:

定理 4.6 xyz 空間の立体 K について，x 軸に垂直な平面（座標が x）による K の切り口を K_x，その面積を $S(x) = \mu(K_x)$ とする．K の x 座標の範囲が $a \leq x \leq b$ であるとき，K の体積 V は次の式で与えられる：

$$V = \int_a^b S(x)dx. \tag{4.1}$$

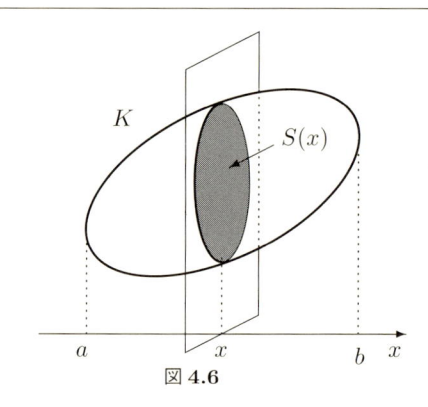

図 4.6

累次積分

重積分 $\iint_D f(x,y)\,dxdy$ は，曲面 $z = f(x,y)$ と xy 平面の間で $(x,y) \in D$ の部分の体積であるから，上の公式 (4.1) を用いて計算することができる．

積分領域 D として，次の形のものを考える．

$$D = \{(x,y) \mid a_1 \leq x \leq a_2,\ \varphi_1(x) \leq y \leq \varphi_2(x)\}. \tag{4.2}$$

この形の領域を**縦線領域**（または **y 線領域**）という．ここで，$\varphi_1(x)$, $\varphi_2(x)$ は $[a_1, a_2]$ で連続で，$\varphi_1(x) \leq \varphi_2(x)$ とする．また，

$$D = \{(x,y) \mid b_1 \leq y \leq b_2,\ \psi_1(y) \leq x \leq \psi_2(y)\} \tag{4.3}$$

の形の領域を**横線領域**（または **x 線領域**）という．ここで，$\psi_1(y)$, $\psi_2(y)$ は $[b_1, b_2]$ で連続で，$\psi_1(y) \leq \psi_2(y)$ とする．

D が縦線領域 (4.2) であるとき，曲面 $z = f(x,y)$ $((x,y) \in D)$ と xy 平面の間の部分を K とする．重積分は K の体積に等しい．各 x $(a_1 \leq x \leq a_2)$ に対して，K の切り口 K_x は yz 平面の領域として，曲線 $z = f(x,y)$ と y 軸

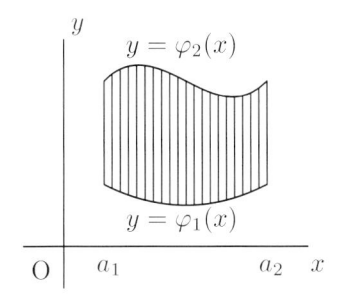

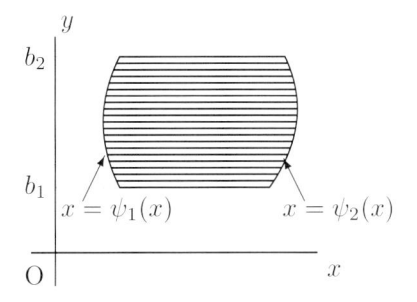

図 4.7　縦線領域　　　　　　図 4.8　横線領域

の間の $\varphi_1(x) \leqq y \leqq \varphi_2(x)$ の部分であるから，その面積 $S(x)$ は

$$S(x) = \int_{\varphi_1(x)}^{\varphi_2(x)} f(x,y)\,dy \tag{4.4}$$

となる．したがって，

$$\iint_D f(x,y)\,dxdy = \int_{a_1}^{a_2} S(x)\,dx = \int_{a_1}^{a_2} \left(\int_{\varphi_1(x)}^{\varphi_2(x)} f(x,y)\,dy \right) dx \tag{4.5}$$

なお，$f \leqq 0$ の部分は，(4.4) において，面積を負とみなすから，その積分は負の体積として計算されるのでつじつまが合う．横線領域についても同様である．(4.5) の右辺を次のように書く．

$$\int_{a_1}^{a_2} dx \int_{\varphi_1(x)}^{\varphi_2(x)} f(x,y)\,dy = \int_{a_1}^{a_2} \left(\int_{\varphi_1(x)}^{\varphi_2(x)} f(x,y)\,dy \right) dx$$

同様に，

$$\int_{b_1}^{b_2} dy \int_{\psi_1(y)}^{\psi_2(y)} f(x,y)\,dx = \int_{b_1}^{b_2} \left(\int_{\psi_1(y)}^{\psi_2(y)} f(x,y)\,dx \right) dy.$$

これら，繰り返し積分を**累次積分**という．以上より次の定理が成り立つ．

定理 4.7 (重積分 = 累次積分) $f(x,y)$ は有界閉領域 D で連続とする．
(1) D が縦線領域 (4.2) であるとき，
$$\iint_D f(x,y)\,dxdy = \int_{a_1}^{a_2} dx \int_{\varphi_1(x)}^{\varphi_2(x)} f(x,y)\,dy. \tag{4.6}$$
(2) D が横線領域 (4.3) であるとき，
$$\iint_D f(x,y)\,dxdy = \int_{b_1}^{b_2} dy \int_{\psi_1(y)}^{\psi_2(y)} f(x,y)\,dx. \tag{4.7}$$

系 4.8 (積分の順序交換) D が縦線かつ横線領域で
$$D = \{(x,y) \mid a_1 \leqq x \leqq a_2,\ \varphi_1(x) \leqq y \leqq \varphi_2(x)\}$$
$$= \{(x,y) \mid b_1 \leqq y \leqq b_2,\ \psi_1(y) \leqq x \leqq \psi_2(y)\}$$
であるとき，
$$\int_{a_1}^{a_2} dx \int_{\varphi_1(x)}^{\varphi_2(x)} f(x,y)\,dy = \int_{b_1}^{b_2} dy \int_{\psi_1(y)}^{\psi_2(y)} f(x,y)\,dx.$$

系 4.9 D が長方形領域 $D: a \leqq x \leqq b,\ c \leqq y \leqq d$ であるとき，
$$\iint_{\substack{a \leqq x \leqq b \\ c \leqq y \leqq d}} f(x,y)\,dxdy = \int_a^b dx \int_c^d f(x,y)\,dy = \int_c^d dy \int_a^b f(x,y)\,dx.$$

注意 4.1 縦線領域でも横線領域でもない領域 D は (あまり複雑でなければ) 大抵の場合，いくつかの縦線あるいは横線領域 $D_1, D_2, \ldots$ に分割して，
$$\iint_D = \iint_{D_1} + \iint_{D_2} + \cdots$$
とすることができる．

注意 4.2 累次積分において，$\displaystyle\int_{\varphi_1(x)}^{\varphi_2(x)} f(x,y)\,dy$ は x を固定して y に関する積分であ

るから，
$$F(x,y) = \int f(x,y)\,dy \quad \left(\iff \frac{\partial F}{\partial y} = f\right)$$
とすると，
$$\int_{\varphi_1(x)}^{\varphi_2(x)} f(x,y)\,dy = \Big[F(x,y)\Big]_{\varphi_1(x)}^{\varphi_2(x)} = F(x,\varphi_2(x)) - F(x,\varphi_1(x))$$
したがって，累次積分は
$$\int_a^b dx \int_{\varphi_1(x)}^{\varphi_2(x)} f(x,y)\,dy = \int_a^b \{F(x,\varphi_2(x)) - F(x,\varphi_1(x))\}\,dx.$$
なお，$\Big[F(x,y)\Big]_{\varphi_1(x)}^{\varphi_2(x)}$ を，どの変数の積分の端点であるかを明示するため，
$$\Big[F(x,y)\Big]_{y=\varphi_1(x)}^{y=\varphi_2(x)}$$
のように書くこともある．

例 4.2 $I = \iint_D x^2 y\,dxdy,\ D: 0 \leqq x \leqq 1,\ 1 \leqq y \leqq 2$ のとき，
$$I = \int_0^1 dx \int_1^2 x^2 y\,dy = \int_0^1 \left[\frac{x^2 y^2}{2}\right]_{y=1}^{y=2} dx = \int_0^1 \frac{3}{2}x^2\,dx = \frac{1}{2}$$
または，
$$I = \int_1^2 dy \int_0^1 x^2 y\,dx = \int_1^2 \left[\frac{x^3 y}{3}\right]_{x=0}^{x=1} dy = \int_1^2 \frac{y}{3}\,dy = \frac{1}{2}.$$

例 4.3 $I = \iint_D (x+1)y\,dxdy,$
$$D:\ -1 \leqq x \leqq 1,\ 0 \leqq y \leqq \sqrt{x+1},\ y \leqq \sqrt{1-x}$$
とするとき，D を縦線領域と見て図のように 2 つの領域 D_1, D_2 に分割する．
$$I = \iint_{D_1} + \iint_{D_2}$$

$$\iint_{D_1} = \int_{-1}^0 dx \int_0^{\sqrt{x+1}} (x+1)y\,dy \qquad \iint_{D_2} = \int_0^1 dx \int_0^{\sqrt{1-x}} (x+1)y\,dy$$
$$= \int_{-1}^0 \left[\frac{1}{2}(x+1)y^2\right]_{y=0}^{y=\sqrt{x+1}} dx \qquad = \int_0^1 \left[\frac{1}{2}(x+1)y^2\right]_{y=0}^{y=\sqrt{1-x}} dx$$
$$= \int_{-1}^0 \frac{1}{2}(x+1)^2\,dx = \frac{1}{6} \qquad\qquad = \int_0^1 \frac{1}{2}(x+1)(1-x)\,dx = \frac{1}{3}$$

図 4.9　例 4.3

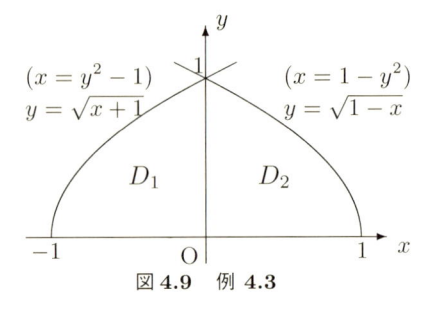

$(x = y^2 - 1)$
$y = \sqrt{x+1}$

$(x = 1 - y^2)$
$y = \sqrt{1-x}$

$$\therefore I = \frac{1}{6} + \frac{1}{3} = \frac{1}{2}.$$

または，D を横線領域と見て，

$$I = \int_0^1 dy \int_{y^2-1}^{1-y^2} (x+1)y\, dx$$
$$= \int_0^1 \left[\frac{1}{2}(x+1)^2 y\right]_{x=y^2-1}^{x=1-y^2} dy$$
$$= \int_0^1 (-2y^3 + 2y)\, dy = \frac{1}{2}.$$

問 4.1　次の累次積分の値を求めよ．

(1) $\displaystyle\int_0^1 dy \int_{-y}^0 y\sqrt{x+y}\, dx$　　(2) $\displaystyle\int_0^{\sqrt{\pi}} dx \int_{x^2+x}^{x+\pi} x\cos(x-y)\, dy$

問 4.2　次の重積分の値を求めよ．

(1) $\displaystyle\iint_D y(x^2+y)\, dxdy$,　　$D: 1 \leqq x \leqq 2,\ 0 \leqq y \leqq 3$

(2) $\displaystyle\iint_D y\, e^{xy}\, dxdy$,　　　　$D: 0 \leqq x \leqq 1, 0 \leqq y \leqq 2$

(3) $\displaystyle\iint_D \frac{2x}{x^2+y^2+1}\, dxdy$,　$D: 0 \leqq x \leqq 1, 0 \leqq y \leqq \sqrt{x^2+1}$

(4) $\displaystyle\iint_D \frac{dxdy}{(1+x+y)^2}$,　　$D: 0 \leqq x, 0 \leqq y,\ x+y \leqq 2$

問 4.3 積分の順序変更により，次の累次積分の値を求めよ．

(1) $\displaystyle\int_0^4 dx \int_{\sqrt{x}}^2 \frac{dy}{\sqrt{y^3+1}}$ (2) $\displaystyle\int_0^1 dy \int_a^b \frac{\cos(x^2 y)}{\sin(x^2)} dx$ $(0 < a < b < \sqrt{\pi})$

4.4 変数変換

変数変換

変数変換 $\varPhi : \begin{cases} x = x(u,v) \\ y = y(u,v) \end{cases}$ $((u,v) \in E)$ は，uv 平面の領域 E の点 $\mathrm{Q}(u,v)$ を与えると xy 平面の点 $\mathrm{P}(x,y)$ を定める：$\mathrm{P} = \varPhi(\mathrm{Q})$．したがって，$\varPhi$ は写像

$$\varPhi : E \to \mathbf{R}^2, \quad \mathrm{Q}(u,v) \mapsto \mathrm{P}(x,y) = (x(u,v), y(u,v))$$

であると考えられる．$\varPhi$ が微分可能（$x(u,v), y(u,v)$ がともに微分可能）であるとき，Q がベクトル $\Delta \mathrm{Q} = \begin{bmatrix} \Delta u \\ \Delta v \end{bmatrix}$ だけ変化したときの P の変化 $\Delta \mathrm{P} = \Delta \varPhi = \begin{bmatrix} \Delta x \\ \Delta y \end{bmatrix}$ は

$$\begin{cases} \Delta x \doteqdot \dfrac{\partial x}{\partial u}\Delta u + \dfrac{\partial x}{\partial v}\Delta v \\ \Delta y \doteqdot \dfrac{\partial y}{\partial u}\Delta u + \dfrac{\partial y}{\partial v}\Delta v \end{cases} \quad \text{行列で表せば，} \quad \Delta \mathrm{P} = \Delta \varPhi \doteqdot \begin{bmatrix} \dfrac{\partial x}{\partial u} & \dfrac{\partial x}{\partial v} \\ \dfrac{\partial y}{\partial u} & \dfrac{\partial y}{\partial v} \end{bmatrix} \Delta \mathrm{Q}$$

となる．この行列を変数変換（写像）$\varPhi$ の **Jacobi 行列**といい $\varPhi'$ で表す：

$$\boldsymbol{\varPhi}' = \begin{bmatrix} x_u & x_v \\ y_u & y_v \end{bmatrix} = \begin{bmatrix} \dfrac{\partial x}{\partial u} & \dfrac{\partial x}{\partial v} \\ \dfrac{\partial y}{\partial u} & \dfrac{\partial y}{\partial v} \end{bmatrix}, \quad \boldsymbol{\Delta \varPhi} \doteqdot \boldsymbol{\varPhi}' \cdot \boldsymbol{\Delta}\mathrm{Q}.$$

$x(u,v), y(u,v)$ がともに C^n 級関数のとき，$\varPhi$ は C^n 級写像であるという．$\varPhi$ が C^1 級写像のとき，Jacobi 行列の行列式 $\det \varPhi'$ を $\varPhi$ の **Jacobian** といい，

$\dfrac{\partial(x,y)}{\partial(u,v)}$ で表す：

$$\frac{\partial(x,y)}{\partial(u,v)} = x_u y_v - x_v y_u.$$

ここで，2次行列 A の行列式 $\det A$ とは，

$$\det \begin{bmatrix} a & b \\ c & d \end{bmatrix} = ad - bc.$$

注意 4.3 平面の4点 O, P(a,c), R$(a+b, c+d)$, Q(b,d) の作る平行四辺形の面積は，行列式 $\det \begin{bmatrix} a & b \\ c & d \end{bmatrix}$ の絶対値 $|ad - bc|$ である．

定理 4.10 (置換積分) 変数変換 $\Phi: x = x(u,v), y = y(u,v)$ によって，uv 平面の領域 E が xy 平面の領域 D に1対1に写されるとき，重積分の変数変換公式

$$\iint_D f(x,y)\,dxdy = \iint_E f(x(u,v), y(u,v)) \left|\frac{\partial(x,y)}{\partial(u,v)}\right| dudv,$$

$$\boxed{dxdy = \left|\frac{\partial(x,y)}{\partial(u,v)}\right| dudv} \tag{4.8}$$

が成り立つ．

証明 1変数の置換積分

$$\int_a^b f(x)\,dx = \int_\alpha^\beta f(x(t)) x'(t)\,dt$$

は，局所的には，t 直線の線分と対応する x 直線上の線分の長さの比が $x'(t)$ 倍になることで説明することができる．重積分に対しては，$J(u,v) = \dfrac{\partial(x,y)}{\partial(u,v)}$ とおくと，uv 平面の小領域と対応する xy 平面上の領域の（局所的な）面積の比が $|J(u,v)|$ であることがわかればよい．E 内の4点

$$\text{A}(a,b),\ \text{B}(a+\Delta u, b),\ \text{C}(a+\Delta u, b+\Delta v),\ \text{D}(a, b+\Delta v)$$

の作る微小長方形を考える．2つのベクトル $\overrightarrow{\mathrm{AB}} = \begin{bmatrix} \Delta u \\ 0 \end{bmatrix}$, $\overrightarrow{\mathrm{AC}} = \begin{bmatrix} 0 \\ \Delta v \end{bmatrix}$ は $\varPhi$ によってそれぞれ

$$\overrightarrow{\mathrm{A'B'}} = \begin{bmatrix} x_u(a,b)\Delta u \\ y_u(a,b)\Delta u \end{bmatrix}, \quad \overrightarrow{\mathrm{A'C'}} = \begin{bmatrix} x_v(a,b)\Delta v \\ y_v(a,b)\Delta v \end{bmatrix}$$

に写る．したがって，微小長方形の $\varPhi$ による像は 2 辺 A′B′, A′C′ によって張られる平行四辺形（で近似される）とみなされる．この平行四辺形の面積は，注意 4.3 により，$|J(a,b) \cdot \Delta u \Delta v| = |J(a,b)| \cdot |\Delta u \Delta v|$ に等しい．したがって，$(u,v) = (a,b)$ における局所的な面積比は $|J(a,b)|$ に等しい．これより定理が得られる．

注意 4.4 定理において，$\varPhi$ が，対応する領域の間で厳密に 1 対 1 でなくとも，「重なる部分」（$\varPhi(u,v) = (x,y)$ となるような点 $(u,v) \in E$ が 2 つ以上存在するような点 $(x,y) \in D$ の集合）の面積が 0 であれば，変数変換公式は成立する．面積 0 の部分は重積分に影響しないからである．

参考 交代積 $\wedge$ は次の性質

$$\alpha \wedge \alpha = 0, \quad \beta \wedge \alpha = -\alpha \wedge \beta$$

をもつ記号とする．したがって，

$$du \wedge du = dv \wedge dv = 0, \quad dv \wedge du = -du \wedge dv.$$

これを用いて，

$$dx \wedge dy = (x_u du + x_v dv) \wedge (y_u du + y_v dv)$$

を形式的に展開すれば，

$$dx \wedge dy = \frac{\partial(x,y)}{\partial(u,v)} du \wedge dv.$$

(4.8) はこれの絶対値の形である．

極座標変換

$\varPhi\colon \begin{cases} x = r\cos\theta, \\ y = r\sin\theta, \end{cases}$ $(r,\theta) \mapsto (x,y)$ を考える．Jacobian $J = \dfrac{\partial(x,y)}{\partial(r,\theta)}$ は

$$J = \det\begin{bmatrix} x_r & x_\theta \\ y_r & y_\theta \end{bmatrix} = \det\begin{bmatrix} \cos\theta & -r\sin\theta \\ \sin\theta & r\cos\theta \end{bmatrix} = r\cos^2\theta + r\sin^2\theta = r$$

図 4.10 極座標 **図 4.11** $(r,\theta) \to (x,y)$

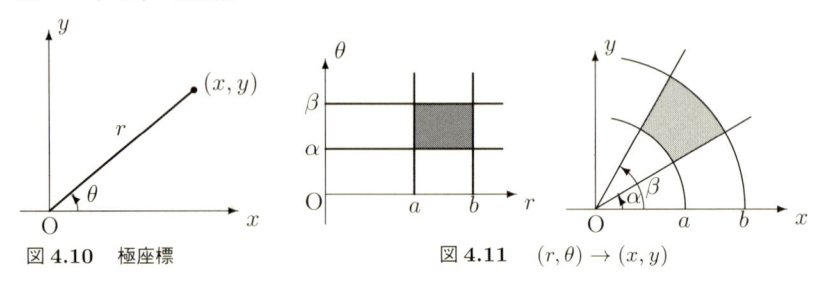

である．よって，
$$dxdy = |r|\,drd\theta.$$

通常，r は $r \geqq 0$，したがって $dxdy = r\,drd\theta$，θ は $0 \leqq \theta \leqq 2\pi$，あるいは $|\theta| \leqq \pi$ の範囲で用いることが多い．

例 4.4 $I = \iint_D \dfrac{dxdy}{x^2+y^2}$ $\quad D: 0 \leqq x,\ 1 \leqq x^2+y^2 \leqq 4.$

極座標変換により，D は $r\theta$ 平面の領域
$$E: 1 \leqq r \leqq 2,\ -\frac{\pi}{2} \leqq \theta \leqq \frac{\pi}{2}$$
に対応する．$dxdy = r\,drd\theta$ より，
$$I = \iint_E \frac{r\,drd\theta}{r^2} = \int_1^2 dr \int_{-\pi/2}^{\pi/2} \frac{d\theta}{r} = \int_1^2 \frac{\pi}{r}\,dr = \pi \log 2.$$

例 4.5 $I = \iint_D y^2 e^{x^2 y^2}\,dxdy,\quad D: x \leqq y \leqq 3x,\ 1 \leqq xy \leqq 2.$

変数変換 $t = xy,\ u = \dfrac{y}{x}$ $(x,\ y > 0)$ を行う．x, y について解くと，逆変換 $x = \sqrt{t/u},\ y = \sqrt{tu}$ $(t,\ u > 0)$ が得られる．この逆変換の Jacobian は
$$\frac{\partial(x,y)}{\partial(t,u)} = \det \begin{bmatrix} \dfrac{1}{2}\dfrac{1}{\sqrt{tu}} & -\dfrac{1}{2}\sqrt{t/u^3} \\ \dfrac{1}{2}\sqrt{u/t} & \dfrac{1}{2}\sqrt{t/u} \end{bmatrix} = \frac{1}{2u},\quad \therefore\ dxdy = \frac{1}{2u}\,dtdu.$$

D はこの変換により，tu 平面の領域 $E: 1 \leqq u \leqq 3,\ 1 \leqq t \leqq 2$ に対応する．$\int te^{t^2}\,dt = \dfrac{1}{2}e^{t^2}$ を用いて，
$$I = \iint_E tue^{t^2}\frac{1}{2u}\,dtdu = \frac{1}{2}\int_1^3 du \int_1^2 te^{t^2}\,dt = \frac{1}{2}(e^4 - e).$$

注意 4.5 一般に，逆変換の Jacobi 行列はもとの変換の Jacobi 行列の逆行列に等しく，逆変換の Jacobian はもとの変換の Jacobian の逆数である．
$$\frac{\partial(x,y)}{\partial(t,u)} = \frac{1}{\dfrac{\partial(t,u)}{\partial(x,y)}}.$$

たとえば，例 4.5 では，
$$\frac{\partial(x,y)}{\partial(t,u)} = \frac{1}{2u}, \quad \therefore \ dxdy = \frac{1}{|2u|}\,dtdu,$$
$$\frac{\partial(t,u)}{\partial(x,y)} = \frac{2y}{x}, \quad \therefore \ dtdu = \left|\frac{2y}{x}\right|dxdy, \qquad \left(\frac{2y}{x} = 2u\right).$$

問 4.4 次の重積分に極座標変換を施せ．

(1) $\displaystyle\iint_D \frac{x-y}{(x^2+y^2)^2}\,dxdy, \quad D: 1 \leqq x^2+y^2 \leqq 4,\ -x \leqq y \leqq x$

(2) $\displaystyle\iint_D (x^2+y^2)\sqrt{1-x^2-y^2}\,dxdy, \quad D: x^2+y^2 \leqq 1,\ 0 \leqq x$

(3) $\displaystyle\iint_D xy\,dxdy, \quad D: 0 \leqq y \leqq x \leqq 2,\ 1 \leqq x^2+y^2$

(4) $\displaystyle\iint_D (1+x^2+y^2)^a\,dxdy, \quad D: x^2+y^2 \leqq b^2\ (a,\ b > 0)$

問 4.5 変数変換 $x = u(1+v),\ y = u(1+2v)$ と，xy 平面の 4 角形領域
$$D: 2x \leqq 2y \leqq 3x,\ 2x-2 \leqq y \leqq 2x-1$$
について

(1) Jacobian $J = \dfrac{\partial(x,y)}{\partial(u,v)}$ を求めよ．
(2) xy 平面の領域 D に対応する uv 平面の領域 E を求めよ．
(3) この変数変換を用いて次を求めよ．
$$I = \iint_D \frac{dxdy}{(2x-y)\{(2x-y)^2 + (x-y)^2\}}.$$

4.5 広義重積分

重積分 $\displaystyle\iint_D f(x,y)\,dxdy$ において，D が有界閉領域とは限らない場合を扱う．以下，$f(x,y)$ は D で連続で，定符号であるとする．負の場合も同様であ

るから，D 上でつねに $f \geqq 0$ であるとする．

D 内で有界閉領域 K を膨らませたとき（$K \uparrow D$ と書く），K での重積分の極限を D における**広義重積分**という．

$$\iint_D f(x,y)\,dxdy = \lim_{K \uparrow D} \iint_K f(x,y)\,dxdy. \tag{4.9}$$

$f \geqq 0$ であるから，

$$K_1 \subset K_2 \subset D \implies \iint_{K_1} f(x,y)\,dxdy \leqq \iint_{K_2} f(x,y)\,dxdy.$$

したがって，この極限（= 広義重積分）は有限値に収束するか，あるいは $+\infty$ に発散するかのいずれかである．

なお，広義重積分に対しても，変数変換公式が成り立つ．

例 4.6 $I = \iint_D \dfrac{dxdy}{\sqrt{x-y}}$ （$D: 0 < x \leqq 1,\ 0 \leqq y < x$）を求める．

$$K_\varepsilon : \varepsilon \leqq x \leqq 1,\ 0 \leqq y \leqq x - \varepsilon \quad (0 < \varepsilon < 1)$$

とすると，$K_\varepsilon \uparrow D\ (\varepsilon \to +0)$.

$$\iint_{K_\varepsilon} \frac{dxdy}{\sqrt{x-y}} = \int_\varepsilon^1 dx \int_0^{x-\varepsilon} \frac{dy}{\sqrt{x-y}} = \frac{4}{3} - 2\sqrt{\varepsilon} + \frac{2\varepsilon\sqrt{\varepsilon}}{3}$$

$$\therefore\ I = \lim_{\varepsilon \downarrow 0} \left(\frac{4}{3} - 2\sqrt{\varepsilon} + \frac{2\varepsilon\sqrt{\varepsilon}}{3} \right) = \frac{4}{3}.$$

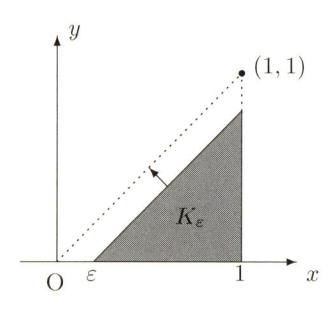

図 4.12　K_ε

次に，領域 D に対する累次積分を計算すると，
$$\int_{+0}^{1} dx \int_{0}^{x-0} \frac{dy}{\sqrt{x-y}} = \int_{+0}^{1} 2\sqrt{x}\, dx = \frac{4}{3},$$
$$\int_{0}^{1-0} dy \int_{y+0}^{1} \frac{dx}{\sqrt{x-y}} = \int_{0}^{1-0} 2\sqrt{1-y}\, dy = \frac{4}{3}.$$

一般に，定符号関数の場合は，広義重積分は累次広義積分に等しい．$K \uparrow D$ を用いなくともよい．すなわち，次が成り立つ．

定理 4.11 縦線領域
$$D = \{(x, y) \mid \alpha_1 < x < \alpha_2, \quad \varphi_1(x) < y < \varphi_2(x)\}$$
上で $f(x, y) \geqq 0$ とする．ただし，$-\infty \leqq \alpha_1 < \alpha_2 \leqq +\infty$ で，$\varphi_1(x)$, $\varphi_2(x)$ は (α_1, α_2) で連続とする．また，$\varphi_1(x) = -\infty$，または $\varphi_2(x) = +\infty$ の場合でもよい．このとき，
$$\iint_D f(x, y)\, dxdy = \int_{\alpha_1}^{\alpha_2} dx \int_{\varphi_1(x)}^{\varphi_2(x)} f(x, y)\, dy. \tag{4.10}$$
横線領域についても同様の公式が成り立つ．

系 4.12 (定符号関数の積分順序変更) 領域
$$D = \{(x, y) \mid \alpha_1 < x < \alpha_2, \quad \varphi_1(x) < y < \varphi_2(x)\}$$
$$= \{(x, y) \mid \beta_1 < y < \beta_2, \quad \psi_1(y) < x < \psi_2(y)\}$$
が縦線かつ横線領域で，D 上で $f(x, y) \geqq 0$ であるとき，
$$\int_{\alpha_1}^{\alpha_2} dx \int_{\varphi_1(x)}^{\varphi_2(x)} f(x, y)\, dy = \int_{\beta_1}^{\beta_2} dy \int_{\psi_1(y)}^{\psi_2(y)} f(x, y)\, dx \tag{4.11}$$
が成立し，両辺は広義重積分に等しい．

注意 4.6 面積 0 の部分は重積分の値に影響しないから，領域 D から面積 0 の部分（たとえば境界線の一部）を取り除いた領域を D' とすると，
$$\iint_D f(x, y)\, dxdy = \iint_{D'} f(x, y)\, dxdy.$$

定理 4.11 およびその系では，積分領域は境界を含まない形で述べてある．

例 4.7 $\int_0^\infty e^{-x^2} dx = \dfrac{\sqrt{\pi}}{2}.$

証明 $I = \iint_D e^{-(x^2+y^2)} dxdy, \quad D: 0 < x, y$ （第1象限）とおくと，

$$I = \int_0^\infty dx \int_0^\infty e^{-x^2} e^{-y^2} dy = \left(\int_0^\infty e^{-x^2} dx\right)\left(\int_0^\infty e^{-y^2} dy\right),$$

$$\therefore\ I = J^2, \quad J = \int_0^\infty e^{-x^2} dx$$

一方，極座標変換 $x = r\cos\theta,\ y = r\sin\theta$ により，D は $r\theta$ 平面の領域

$$E: 0 < r < +\infty,\ 0 < \theta < \dfrac{\pi}{2}$$

に対応し，$dxdy = r\,drd\theta$ であるから，

$$I = \iint_E e^{-r^2} r\,drd\theta = \dfrac{\pi}{2} \int_0^\infty e^{-r^2} r\,dr = \dfrac{\pi}{2}\left[-\dfrac{1}{2}e^{-r^2}\right]_0^{+\infty} = \dfrac{\pi}{4},$$

$$\therefore\ J = \sqrt{I} = \sqrt{\dfrac{\pi}{4}} = \dfrac{\sqrt{\pi}}{2}.$$

例 4.8 ベータ関数 $B(p,q)$ (p.70) とガンマ関数 $\Gamma(p)$ (p.71)：

$$B(p,q) = \int_0^1 x^{p-1}(1-x)^{q-1} dx \quad (p,\ q > 0\,)$$

$$\Gamma(p) = \int_0^\infty x^{p-1} e^{-x} dx \quad\quad\quad (p > 0\,)$$

の間には次の公式が成り立つ：

$$B(p,q) = \dfrac{\Gamma(p)\Gamma(q)}{\Gamma(p+q)}. \tag{4.12}$$

証明 以下の問 4.7 を参照．

例 4.9 (1) $\displaystyle\int_0^\infty \frac{\sin x}{x}\,dx = \frac{\pi}{2}$ (2) $\displaystyle\int_0^\infty \frac{|\sin x|}{x}\,dx = +\infty$.

証明 (1) まず，部分積分により，

$$\int_0^\infty \frac{1-\cos x}{x^2}\,dx = \int_0^\infty \left(-\frac{1}{x}\right)'(1-\cos x)\,dx$$

$$= \left[-\frac{1}{x}(1-\cos x)\right]_0^\infty - \int_0^\infty \left(-\frac{1}{x}\right)(1-\cos x)'\,dx$$

$$= \int_0^\infty \frac{\sin x}{x}\,dx$$

である．定符号関数 $f(x,y) = y\,e^{-xy}(1-\cos x)$ $(x,\ y > 0)$ について，

$$\int_0^\infty y\,e^{-xy}\cos x\,dx = \frac{y^2}{y^2+1} \qquad (\text{練習問題 3.5 (1) より})$$

および，

$$\int_0^\infty y\,e^{-xy}dy = \frac{1}{x^2}\int_0^\infty t\,e^{-t}dt = \frac{1}{x^2}\,\varGamma(2) = \frac{1}{x^2} \quad (y=t/x)$$

を用いて，

$$\int_0^\infty \frac{\sin x}{x}\,dx = \int_0^\infty \frac{1-\cos x}{x^2}\,dx = \int_0^\infty dx \int_0^\infty f(x,y)\,dy$$

$$= \int_0^\infty dy \int_0^\infty f(x,y)\,dx$$

$$= \int_0^\infty \frac{1}{y^2+1}\,dy = \frac{\pi}{2}.$$

(2) $f(x,y)$ の代わりに，$f(x,y) = e^{-xy}(1-\cos x)$ を用いて同様の議論により，

$$\int_0^\infty \frac{1-\cos x}{x}\,dx = \int_0^\infty dx \int_0^\infty e^{-xy}(1-\cos x)\,dy$$

$$= \int_0^\infty dy \int_0^\infty e^{-xy}(1-\cos x)\,dx$$

$$= \int_0^\infty \frac{dy}{y(y^2+1)} = +\infty.$$

これより，

$$\int_0^\infty \frac{|\sin t|}{t}\,dt \geqq \int_0^\infty \frac{\sin^2 t}{t}\,dt = \int_0^\infty \frac{1-\cos x}{2x}\,dx = +\infty \quad (x=2t).$$

問 4.6 次の広義重積分の値を求めよ．

(1) $\iint\limits_{\substack{0\leq x \\ 0\leq y}} \dfrac{dxdy}{(1+x+y)^a}$ $(a>2)$

(2) $\iint\limits_{\substack{0\leq x\leq 1 \\ 0\leq y}} \dfrac{x}{(1+x^2+y)^2}\,dxdy$

(3) $\iint\limits_{\substack{0\leq x \\ 0\leq y}} \dfrac{dxdy}{(1+x^2+y^2)^2}$

(4) $\iint\limits_{\substack{0\leq x \\ 0\leq y}} x^2 e^{-x^2-y^2}\,dxdy$

(5) $\iint\limits_{x^2<y\leq 1} \dfrac{dxdy}{\sqrt{y-x^2}}$

(6) $\iint\limits_{\substack{x^2+y^2\leq x \\ 0<y}} \dfrac{xy}{x^2+y^2}\,dxdy$

問 4.7 変数変換 $x=uv,\ y=u(1-v),\ (u,v)\mapsto(x,y)$ を考える．

(1) Jacobian $J=\dfrac{\partial(x,y)}{\partial(u,v)}$ を求めよ．

(2) u,v を x,y を用いて表せ．すなわち逆変換を求めよ．ただし，$x+y\neq 0$ とする．

(3) xy 平面の領域 $D\colon 0<x,y$（第 1 象限）に対応する uv 平面の領域 E を求めよ．

(4) この変数変換を

$$I=\iint_D x^{p-1}y^{q-1}e^{-(x+y)}dxdy$$

に施すことにより，公式 (4.12) を示せ．

参考 $f(x,y)$ が定符号でないとき，D を 2 つの領域

$$D^+=\{(x,y)\in D\mid f(x,y)\geq 0\},\quad D^-=\{(x,y)\in D\mid f(x,y)\leq 0\}$$

に分けると，$D^\pm$ 上では f は定符号で，

$$I^+=\iint_{D^+} f(x,y)\,dxdy,\quad I^-=\iint_{D^-} f(x,y)\,dxdy.$$

$$\iint_D f(x,y)\,dxdy = I^+ + I^- \tag{4.13}$$

とする．ここで，右辺が

 (i) （有限）＋（有限）＝ 有限，
 (ii) $(+\infty)+$（有限）$=+\infty$，または （有限）$+(-\infty)=-\infty$，
 (iii) $(+\infty)+(-\infty)$

の 3 通りの場合が起こり得る．

(i) の場合は $\iint_D f(x,y)\,dxdy$ は収束する，または**広義積分可能**，

(ii) の場合はそれぞれ $+\infty$，または $-\infty$ に発散する，

(iii) の場合は**発散する** $\left(\iint_D f(x,y)\,dxdy\text{ は確定しない}\right)$

という．いずれの場合も
$$\iint_D |f(x,y)|\,dxdy = \iint_{D^+} f(x,y)\,dxdy + \iint_{D^-} (-f(x,y))\,dxdy$$
であるから，
$$\text{(i)} \iff \iint_D |f(x,y)|\,dxdy < +\infty \quad (\text{絶対収束})$$

このことは，「広義重積分が収束するのは絶対収束するときだけである」ことを意味する．

注意 4.7 広義重積分が (iii) 型 $((+\infty)+(-\infty))$ 以外ならば，とくに，
$$\iint_D |f(x,y)|\,dxdy < +\infty \tag{4.14}$$
ならば，(4.10)，(4.11) が成り立つ．(iii) 型の場合は，累次広義積分は一般には積分順序を変更できない．

例 4.10 $D: 0 < x \leqq 1,\ 0 < y \leqq 1,\quad f(x,y) = \dfrac{x-y}{(x+y)^3}$．

$$\int f(x,y)\,dx = -\frac{x}{(x+y)^2}, \quad \int f(x,y)\,dy = \frac{y}{(x+y)^2}$$
であるから，
$$\int_0^1 dy \int_0^1 f(x,y)\,dx = -\int_0^1 \frac{dy}{(1+y)^2} = -\frac{1}{2},$$
$$\int_0^1 dx \int_0^1 f(x,y)\,dy = \int_0^1 \frac{dx}{(x+1)^2} = \frac{1}{2},$$
$$\therefore \int_0^1 dx \int_0^1 f(x,y)\,dy \neq \int_0^1 dy \int_0^1 f(x,y)\,dx.$$
また，重積分は
$$\iint_{D^+} f(x,y)\,dxdy = \int_0^1 dx \int_0^x f(x,y)\,dxdy = +\infty,$$
$$\iint_{D^-} f(x,y)\,dxdy = \int_0^1 dx \int_x^1 f(x,y)\,dxdy = -\infty,$$
$$\iint_D |f(x,y)|\,dxdy = +\infty$$

であるから，$\iint_D f(x,y)\,dxdy\ (=+\infty-\infty)$ は発散する．

注意 4.8 この例は広義積分の順序変更ができない例であるが，広義積分の順序変更可能でも，重積分が発散することもある．たとえば，例 4.10 の関数 $f(x,y)$ で，
$$\int_0^\infty dx\int_0^\infty f(x,y)\,dy = \int_0^\infty dy\int_0^\infty f(x,y)\,dx = 0$$
であるが，第 1 象限における広義重積分は発散する．

> **問 4.8** $f(x,y)=\dfrac{xy-1}{(xy+1)^3}$ とするとき，次の累次積分を計算せよ．
> (1) $\displaystyle\int_0^1 dx\int_0^\infty f(x,y)\,dy$ 　　(2) $\displaystyle\int_0^\infty dy\int_0^1 f(x,y)\,dx$

4.6　3重積分

3重積分

空間領域 K の体積を $\boldsymbol{\nu(K)}$ で表す．空間の有界閉領域 K で連続な 3 変数関数 $f(x,y,z)$ に対して，K を有限個の有界閉領域 $\{K_i\}$ に分割し，各小領域内に点 $\mathrm{P}_i\in K_i$ を任意にとるとき，
$$\sum_i f(\mathrm{P}_i)\,\nu(K_i)$$
を **Riemann 和**という．1，2 変数関数と同様に次が成り立ち，3 重積分の存在が確定する．

> **定理 4.13** 有界閉領域 K 上の連続関数 $f(x,y,z)$ に対して，分割 $\{K_i\}$ を限りなく細かくするとき，Riemann 和は一定の値に収束する．

この極限を $f(x,y,z)$ の K における **3重積分**といい，
$$\iiint_K \boldsymbol{f(x,y,z)\,dxdydz}$$
で表す．重積分の基本性質（加法性，線形性，単調性：定理 4.4）と平均値の定理（定理 4.5）が 3 重積分についても成り立つ．

変数変換公式

変数変換 $\Phi\colon (u,v,w) \mapsto (x,y,z)$;

$$x = x(u,v,w), \quad y = y(u,v,w), \quad z = z(u,v,w)$$

について，2 変数の場合と同様に，次の行列 Φ' を変数変換 Φ の **Jacobi 行列**，その行列式を **Jacobian** という：

$$\Phi' = \begin{bmatrix} x_u & x_v & x_w \\ y_u & y_v & y_w \\ z_u & z_v & z_w \end{bmatrix}, \qquad \frac{\partial(x,y,z)}{\partial(u,v,w)} = \det \Phi'.$$

3 重積分の変数変換公式：

$$\boldsymbol{dxdydz = \left|\frac{\partial(x,y,z)}{\partial(u,v,w)}\right| dudvdw}$$

が成り立つ．

参考 交代積 (参考 4.4) $\wedge$ の性質

$$\alpha \wedge \alpha \wedge \beta = \alpha \wedge \beta \wedge \alpha = \beta \wedge \alpha \wedge \alpha = 0,$$
$$dw \wedge dv \wedge du = dv \wedge du \wedge dw = -du \wedge dv \wedge dw,$$
$$dv \wedge dw \wedge du = dw \wedge du \wedge dv = du \wedge dv \wedge dw$$

を用いて，

$$dx \wedge dy \wedge dz$$
$$= (x_u du + x_v dv + x_w dw) \wedge (y_u du + y_v dv + y_w dw) \wedge (z_u du + z_v dv + z_w dw)$$

を形式的に展開すれば（積の順序交換は上の法則を用いる），

$$dx \wedge dy \wedge dz = \frac{\partial(x,y,z)}{\partial(u,v,w)} du \wedge dv \wedge dw,$$
$$\frac{\partial(x,y,z)}{\partial(u,v,w)} = x_u y_v z_w + x_v y_w z_u + x_w y_u z_v - x_w y_v z_u - x_v y_u z_w - x_u y_w z_v$$

が得られる．

例 **4.11** (空間の極座標（球座標）)

$$\Phi: \begin{cases} x = r\sin\theta\cos\varphi \\ y = r\sin\theta\sin\varphi \\ z = r\cos\theta \end{cases} \quad (r,\theta,\varphi) \mapsto (x,y,z) \quad [r^2 = x^2+y^2+z^2]$$

$$\frac{\partial(x,y,z)}{\partial(r,\theta,\varphi)} = \det\begin{bmatrix} \sin\theta\cos\varphi & r\cos\theta\cos\varphi & -r\sin\theta\sin\varphi \\ \sin\theta\sin\varphi & r\cos\theta\sin\varphi & r\sin\theta\cos\varphi \\ \cos\theta & -r\sin\theta & 0 \end{bmatrix} = r^2\sin\theta,$$

$$\therefore \; \boldsymbol{dxdydz = r^2\sin\theta\, drd\theta d\varphi}. \tag{4.15}$$

通常, $0 \leqq \theta \leqq \pi$ であるから, $\sin\theta \geqq 0$.

例 **4.12** (円柱座標)

$$\Phi: \begin{cases} x = \rho\cos\varphi \\ y = \rho\sin\varphi \\ z = z \end{cases} \quad (\rho,\varphi,z) \mapsto (x,y,z) \quad [\rho^2 = x^2+y^2]$$

$$\frac{\partial(x,y,z)}{\partial(r,\varphi,z)} = \det\begin{bmatrix} \cos\varphi & -\rho\sin\varphi & 0 \\ \sin\varphi & \rho\cos\varphi & 0 \\ 0 & 0 & 1 \end{bmatrix} = \rho,$$

$$\therefore \; \boldsymbol{dxdydz = \rho\, drd\varphi dz}. \tag{4.16}$$

3重積分も累次積分に等しい：

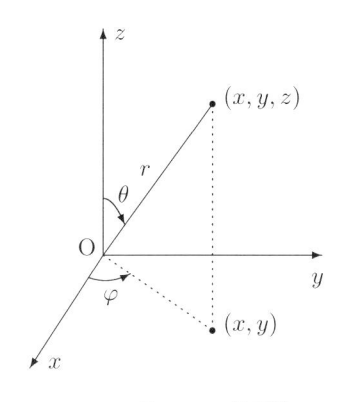

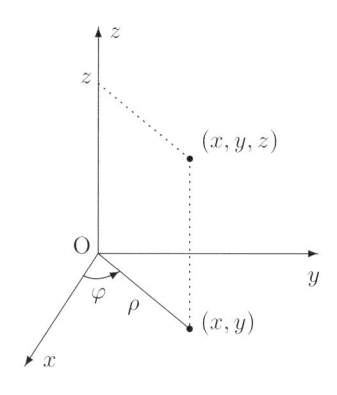

図 4.13 極座標　　　　　図 4.14 円柱座標

> **定理 4.14** 2つの連続曲面 $z = \varphi(x,y)$, $z = \psi(x,y)$ によって作られる空間領域（ただし，$\varphi(x,y) \leqq \psi(x,y)$ $((x,y) \in D)$ とする）
> $$K = \{(x,y,z) \mid \varphi(x,y,z) \leqq z \leqq \psi(x,y,z),\ (x,y) \in D\}$$
> における連続関数 $f(x,y,z)$ の3重積分は累次積分に等しい:
> $$\iiint_K f(x,y,z)\,dxdydz = \iint_D dxdy \int_{\varphi(x,y)}^{\psi(x,y)} f(x,y,z)\,dz$$
> $$= \iint_D \left(\int_{\varphi(x,y)}^{\psi(x,y)} f(x,y,z)\,dz \right) dxdy$$

注意 4.9 上式の右辺の2重積分をさらに累次積分に直せば，3重積分は3回の繰り返し積分となる．

例 4.13 半径 a の半球 $K: x^2 + y^2 + z^2 \leqq a^2$, $z \geqq 0$ の重心の z 座標 $z_0 =$ を求めよ．ただし，
$$M = \iiint_K 1\,dxdydz,\quad M_z = \iiint_K z\,dxdydz$$
とおくとき，$z_0 = M_z/M$ である．

解 極座標変換により K は (r,θ,φ) 空間の領域 $0 \leqq r \leqq a$, $0 \leqq \theta \leqq$

$\pi/2$, $0 \leqq \varphi \leqq 2\pi$ に対応する．$dxdydz = r^2 \sin\theta \, drd\theta d\varphi$ より，

$$M = \int_0^a dr \int_0^{\pi/2} d\theta \int_0^{2\pi} r^2 \sin\theta \, d\varphi = \frac{2}{3} a^3 \pi,$$

$$M_z = \int_0^1 dr \int_0^{\pi/2} d\theta \int_0^{2\pi} r^3 \cos\theta \sin\theta \, d\varphi = \frac{1}{4} a^4 \pi \quad \therefore \ z_0 = \frac{3}{8} a.$$

問 4.9 例 4.13 を円柱座標を用いて解け．

問 4.10 $\iiint_K \dfrac{z}{1+x^2+y^2} dxdydz$ の値を，次のそれぞれの K について求めよ．(1) $K: x^2+y^2+z^2 \leqq 1$, $0 \leqq z$（半球） (2) $K: x^2+y^2 \leqq 1$, $0 \leqq z \leqq 1$（円柱）

4.7　体積，曲面積

体積

xyz 空間の領域 K の体積 $\nu(K)$ は

$$\nu(K) = \iiint_K dxdydz$$

である．直交座標以外では，**体積要素** $dV = dxdydz$ は (4.15), (4.16) より，次の公式で与えられる：

$$dV = r^2 \sin\theta \, drd\theta d\varphi \ (\text{極座標}), \qquad dV = \rho \, drd\varphi dz \ (\text{円柱座標})$$

曲面積

> **定理 4.15** 助変数 u, v を用いて表される滑らかな曲面
>
> $$x = x(u,v), \ y = y(u,v), \ z = z(u,v) \quad ((u,v) \in D)$$
>
> の曲面積が $S = \iint_D dS$ となるときの**面積要素** dS は次で与えられる．
>
> $$dS = \sqrt{\left[\frac{\partial(x,y)}{\partial(u,v)}\right]^2 + \left[\frac{\partial(y,z)}{\partial(u,v)}\right]^2 + \left[\frac{\partial(z,x)}{\partial(u,v)}\right]^2} \, dudv \qquad (4.17)$$

証明 重積分の変数変換公式より，曲面を xy 平面，yz 平面，zx 平面に射影したときの局所的面積はそれぞれ，

$$\left|\frac{\partial(x,y)}{\partial(u,v)}\right| dudv, \quad \left|\frac{\partial(y,z)}{\partial(u,v)}\right| dudv, \quad \left|\frac{\partial(z,x)}{\partial(u,v)}\right| dudv$$

であることから (4.17) が得られる． ∎

系 4.16 曲面の面積要素について次が成り立つ．
(1) 曲面 $z = z(x,y)$ （直交座標）：$dS = \sqrt{1 + z_x{}^2 + z_y{}^2}\, dxdy$.
(2) 曲面 $r = r(\theta, \varphi)$ （極座標）：$dS = r\sqrt{(r^2 + r_\theta{}^2)\sin^2\theta + r_\varphi{}^2}\, d\theta d\varphi$.
(3) 曲面 $z = z(\rho, \varphi)$ （円柱座標）：$dS = \sqrt{\rho^2(1 + z_\rho{}^2) + z_\varphi{}^2}\, d\rho d\varphi$.

例 4.14 半径 a の球の体積は $\dfrac{4}{3}a^3\pi$，球面の面積は $4a^2\pi$ である．

証明 体積は例 4.13 の $2M$ に等しい．球面の極座標表示は $r = a$ $(0 \leqq \theta \leqq \pi,\ 0 \leqq \varphi \leqq 2\pi)$ であるから，

$$S = \int_0^\pi d\theta \int_0^{2\pi} a\sqrt{a^2 \sin^2\theta}\, d\varphi = 4a^2\pi.$$

回転体と回転面

定理 4.17 (回転体と回転面)

(1) xy 平面上の $y \geq 0$ の部分内の領域 D を x 軸の周りに回転して得られる回転体 K の体積 V は

$$V = 2\pi \iint_D y\, dxdy \qquad (dV = 2\pi y\, dxdy). \tag{4.18}$$

とくに，$D: 0 \leqq y \leqq y(x),\ a \leqq x \leqq b$ のときは

$$V = \pi \int_a^b y^2\, dx \qquad (dV = \pi y^2\, dx). \tag{4.19}$$

(2) xy 平面の曲線 $C: x = x(t),\ y = y(t)$ $(\alpha \leqq t \leqq \beta)$ を x 軸の周りに回転

して得られる回転面の曲面積 S は

$$S = 2\pi \int_\alpha^\beta |y| \sqrt{x'^2 + y'^2}\, dt \qquad (dS = 2\pi |y|\, ds) \tag{4.20}$$

ここで, $ds = \sqrt{dx^2 + dy^2}$ (弧長要素) である.

とくに, 曲線 $y = y(x)$ $(a \leqq x \leqq b)$ の x 軸に関する回転面の面積は

$$S = 2\pi \int_a^b |y| \sqrt{1 + y'^2}\, dx. \tag{4.21}$$

証明 一般に, 回転を扱うときは, 空間の極座標あるいは円柱座標において, z 軸を回転軸, φ を回転角と考える.

(1) 円柱座標を用いるため, xy 平面の代わりに, $z\rho$ 平面の領域を z 軸の周りで回転する. 回転体 K は円柱座標では $K' : (z, \rho) \in D,\ 0 \leqq \varphi \leqq 2\pi$ に対応する. $dV = \rho\, d\rho d\varphi dz$ より,

$$V = \iiint_{K'} \rho\, d\rho d\varphi dz = \iint_D d\rho dz \int_0^{2\pi} \rho\, d\varphi = 2\pi \iint_D \rho\, d\rho dz.$$

$z,\ \rho$ をもとの $x,\ y$ に戻せばよい.

(2) この回転面は $t,\ \varphi$ を助変数として

$$x = x(t),\ y = y(t)\cos\varphi,\ z = y(t)\sin\varphi \quad (\alpha \leqq t \leqq \beta,\ 0 \leqq \varphi \leqq 2\pi)$$

と表されるから,

$$\frac{\partial(x,y)}{\partial(t,\varphi)} = -x'y\sin\varphi,\quad \frac{\partial(y,z)}{\partial(t,\varphi)} = yy',\quad \frac{\partial(z,x)}{\partial(t,\varphi)} = -x'y\cos\varphi$$

$$\therefore\ dS = \sqrt{y^2(x'^2 + y'^2)}\, dt d\varphi.$$

(4.18), (4.20) より, 次が得られる.

1. 平面の極座標表示による領域 $0 \leqq r \leqq r(\theta),\ \alpha \leqq \theta \leqq \beta$ の x 軸に関する回転体の体積 V は

$$V = \frac{2}{3}\pi \int_\alpha^\beta r(\theta)^3 \sin\theta\, d\theta \qquad (0 \leqq \alpha \leqq \beta \leqq \pi). \tag{4.22}$$

2. 平面の極座標表示による曲線 $r = r(\theta)$ $(\alpha \leqq \theta \leqq \beta)$ の x 軸に関する回転面の面積 S は

$$S = 2\pi \int_\alpha^\beta r\sqrt{r^2 + r'^2}\,|\sin\theta|\,d\theta. \tag{4.23}$$

問 4.11 (4.22), (4.23) を示せ.

問 4.12 lemniscate（連珠形）$(x^2+y^2)^2 = a^2(x^2-y^2)$ を x 軸の周りで回転して得られる回転体の体積と表面積，および y 軸の周りの回転体の体積と表面積を求めよ（lemniscate の極座標表示は $r^2 = a^2\cos 2\theta$ である）．

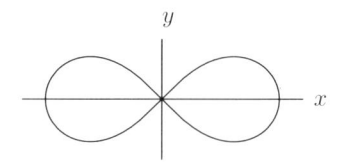

図 4.15 lemniscate

問 4.13 円環 (torus)：$(\sqrt{x^2+y^2}-a)^2 + z^2 \leqq b^2$ $(0 < b < a)$ の体積 V と表面積 S を求めよ．

練習問題 4

4.1 $y = \varphi(x)$ は $a \leqq x \leqq b$ で連続な単調増加関数で，$x = \psi(y)$ をその逆関数とする．$c = \varphi(a)$, $d = \varphi(b)$ とするとき，次を示せ．

(1) $\displaystyle\int_a^b dx \int_c^{\varphi(x)} f(x,y)\,dy = \int_c^d dy \int_{\psi(y)}^b f(x,y)\,dx.$

(2) $\displaystyle\int_a^b dx \int_{\varphi(x)}^d f(x,y)\,dy = \int_c^d dy \int_a^{\psi(y)} f(x,y)\,dx.$

4.2 積分順序変更により次を求めよ．

(1) $\displaystyle\int_0^1 dx \int_x^1 \sqrt{y^2-x^2}\,dy$ (2) $\displaystyle\int_0^1 dx \int_x^1 \sqrt{y^2+1}\,dy.$

(3) $\displaystyle\int_0^1 dx \int_{y^2}^1 x\cos\left(\frac{\pi}{2}y^2\right) dy.$

4.3 次を求めよ．

(1) $\displaystyle\iint_D \frac{(x+y)^2}{xy}\,dxdy,\quad D: x+y \leqq 1,\ 0 < x \leqq y \leqq 2x$

(2) $\displaystyle\iint_D \frac{dx\,dy}{(1+x+y)^3},\quad D: 0 \leqq x,\ 0 \leqq y$

(3) $\displaystyle\iint_D \arctan\frac{y}{x}\,dxdy,\quad D: x^2+y^2 \leqq a^2,\ 0 \leqq y < bx,\ (a,b>0)$

(4) $\displaystyle\iint_D \sqrt{x^2+y^2}\,dxdy,\quad D: x^2+y^2 \leqq 2y$

(5) $\displaystyle\iint_D \frac{x}{x^2+y^2}\,dxdy,\quad D: 0 < y \leqq x \leqq 1$

(6) $\displaystyle\iint_D \frac{x+y}{x^2+y^2}\,dxdy,\quad D: 0 < y \leqq x \leqq 1$

(7) $\displaystyle\iint_D \frac{y}{x^2+y^2}\,dxdy,\quad D: y \leqq x \leqq y^2,\ 1 \leqq y \leqq \sqrt{3}$

(8) $\displaystyle\iint_D y\,dxdy,\quad D: \sqrt{x^2+y^2} \leqq x^2+y^2 \leqq \sqrt{x^2+y^2}+x,\ 0 \leqq y$

(9) $\displaystyle\iint_D \frac{xy}{(x^2+y^2)^{3/2}}\,dxdy,\quad D: 0 < x \leqq 1,\ 0 < y \leqq 1$

(10) $\displaystyle\iint_D \frac{dxdy}{x^2y^2},\quad D: 1 \leqq x,\ 1 \leqq y$

(11) $\displaystyle\iint_D e^{-(x+y)}\,dxdy,\quad D: 0 \leqq y \leqq 2x.$

(12) $\displaystyle\iint_D \frac{x}{y}\,dxdy,\quad D: 0 < x^2+y^2 \leqq y \leqq x$

(13) $\displaystyle\iint_D x^2 e^{-x^2-y^2}\,dxdy,\quad D: 0 \leqq x,\ 0 \leqq y$

(14) $\displaystyle\iint_D (1+x^2+y^2)^{-3/2}\,dxdy,\quad D: 0 \leqq y \leqq x \leqq 1$

(15) $\iint_D \dfrac{dxdy}{(1+x^2+y^2)^2}$, $\quad D: (x^2+y^2)^2 \leqq x^2-y^2$ (lemniscate)

(16) $\iint_D \dfrac{dxdy}{(x^2+y^2)^\alpha}$, $\quad D: x^2+y^2 \leqq 1$

(17) $\iiint_D xe^{x^2+y^2+z^2} dxdydz$, $\quad D: x^2+y^2+z^2 \leqq 1,\ 0 \leqq x$

4.4 指定された変数変換により重積分の値を求めよ．

(1) $x = u - uv,\ y = uv;\quad D: x > 0,\ y > 0,\ x+y \leqq 1$,
$$\iint_D e^{\frac{x-y}{x+y}} dxdy$$

(2) $x = ar\cos\theta,\ y = br\sin\theta;\quad D: \dfrac{x^2}{a^2} + \dfrac{y^2}{b^2} \leq 1 \quad (a,\ b > 0)$,
$$\iint_D x^2\, dxdy$$

(3) $x = tu,\ y = t^2(1+u^2);\quad D: 0 < x,\ x^2 < y$,
$$\iint_D \dfrac{1}{y} e^{-\sqrt{y-x^2}} dxdy$$

(4) $x = u,\ y = uv;\quad D: 1 \leqq x \leqq 2, 0 \leqq y \leqq x$,
$$\iint_D \dfrac{dxdy}{x^2+y^2}$$

(5) $u = \dfrac{x}{y},\ v = x+y,\ ;\quad D: 0 \leqq x \leqq y \leqq 1-x$,
$$\iint_D \dfrac{x(x+y)^3}{y^3} dxdy$$

4.5 第 1 象限内で，4 曲線 $xy = p$, $xy = q$, $y = ax$, $y = bx$ によって囲まれる領域 D の面積 $\iint_D dxdy$ を求めよ．ただし，$0 < a < b$, $0 < p < q$．

4.6 次の xyz 空間の領域 K の体積を求めよ．ただし，$a, b, c > 0$, $0 < \alpha < \dfrac{\pi}{2}$ とする．

(1) $K: \dfrac{x^2}{a^2} + \dfrac{y^2}{b^2} + \dfrac{z^2}{c^2} \leqq 1$　[楕円体]

(2) $K: x^2 + y^2 \leqq a^2,\ x^2 + z^2 \leqq a^2.$　[２つの円柱の共通部分]

(3) $K: x^2 + y^2 + z^2 \leqq a^2,\ x^2 + y^2 \leqq ax.$　[球と円柱の共通部分]

(4) $K: x^2 + y^2 + z^2 \leqq a^2,\ \sqrt{x^2 + y^2 + z^2}\cos\alpha \leqq z.$ [球と円錐の共通部分]

(5) $K: x^2 + y^2 + z^{2n} \leqq 1$　(n: 自然数).

(6) $K: 0 \leqq x,\ \sqrt{x^2 + y^2} \leqq z \leqq a - x.$　[円錐の一部]

4.7 (1) 楕円 $\dfrac{x^2}{k^2+1} + y^2 = 1$ を x 軸（もしくは y 軸）の周りに回転して得られる回転楕円面 S_x（もしくは S_y）

$$S_x: \dfrac{x^2}{k^2+1} + y^2 + z^2 = 1,\quad S_y: \dfrac{x^2}{k^2+1} + y^2 + \dfrac{z^2}{k^2+1} = 1$$

の表面積をそれぞれ求めよ．

(2) cardioid: $r = a\,(1 + \cos\theta)$ [極座標表示] を x 軸の周りに回転して得られるの回転体の体積と表面積を求めよ $(a > 0)$．

第 5 章

Taylor 展開*

5.1 Taylor の定理，剰余項

$f(x)$ の第 n 近似式 T_n

$$T_n(x, f) = \sum_{k=0}^{n} \frac{f^{(k)}(a)}{k!} (x-a)^k$$
$$= f(a) + f'(a)(x-a) + \frac{f''(a)}{2!}(x-a)^2 + \cdots + \frac{f^{(n)}(a)}{n!}(x-a)^n$$

と剰余項

$$R_n(x, f) = f(x) - T_{n-1}(x, f).$$

について，第 1 章で Lagrange の剰余項を与えた（定理 1.17(Taylor), p.20）．次の形の剰余項の表示もある．

定理 5.1 (Taylor) $f^{(n)}(x)$ が区間 I で連続であるとき，$a, x \in I$ に対して，

$$f(x) = \sum_{k=0}^{n-1} \frac{f^{(k)}(a)}{k!} (x-a)^k + R_n$$

において，剰余項は次のように表される．
$$R_n = \frac{1}{(n-1)!} \int_a^x (x-t)^{n-1} f^{(n)}(t)\,dt \qquad \text{(積分形の剰余項)}$$
$$R_n = \frac{f^{(n)}(\xi)}{n!} (x-a)^n \qquad \text{(\textbf{Lagrange} の剰余項)}$$
$$R_n = \frac{f^{(n)}(\xi)}{(n-1)!} (x-\xi)^{n-1}(x-a) \qquad \text{(\textbf{Cauchy} の剰余項)}$$
ここで，$a \leqq \xi \leqq x$ すなわち，$\xi = a + \theta(x-a),\ 0 < \theta < 1$．

証明 積分形の証明：
$$I_n = \frac{1}{(n-1)!} \int_a^x (x-t)^{n-1} f^{(n)}(t)\,dt$$
とおく．帰納法で $R_n = I_n$ を証明する．
$n=1$ のとき，
$$f(x) = f(a) + \int_a^x f'(x)\,dx \quad \therefore R_1 = I_1.$$
$n = k\,(\geqq 1)$ のとき，$R_k = I_k$ が成り立つとする．部分積分により，
$$I_k = -\frac{1}{k!} \int_a^x \left((x-t)^k\right)' f^{(k)}(t)\,dt$$
$$= -\frac{1}{k!} \left[(x-t)^k f^{(k)}(t)\right]_{t=a}^{t=x} + \frac{1}{k!} \int_a^x (x-t)^k f^{(k+1)}(t)\,dt$$
$$= \frac{f^{(k)}(a)}{k!} (x-a)^k + I_{k+1},$$
$$\therefore R_{k+1} = I_{k+1}.$$

Cauchy の剰余項は積分形において，積分の平均値の定理 3.4 (p.53) よりただちに得られる．

参考 Lagrange の剰余項も積分形から導くことができる．変数変換 $t \to u : (x-t)^n = u$ により，
$$R_n = -\frac{1}{n!} \int_a^x f^{(n)}(t) \left((x-t)^n\right)'\,dt$$
$$= \frac{1}{n!} \int_0^{(x-a)^n} f^{(n)}(t)\,du \quad (t = x - u^{\frac{1}{n}})$$

積分の平均値の定理より，
$$R_n = \frac{1}{n!}(x-a)^n f^{(n)}(\xi) \quad (a \leqq \xi \leqq x)$$
Lagrange の剰余項が得られる．

5.2 Taylor 級数

Taylor の定理は $a = 0$ の場合：
$$T_n(x, f) = f(0) + f'(0)\,x + \frac{f''(0)}{2!}\,x^2 + \cdots + \frac{f^{(n)}(0)}{n!}\,x^n,$$

$$f(x) = T_{n-1}(x, f) + R_n$$

の形（**Maclaurin の定理**）で用いられることが多い．

注意 5.1 剰余項は $0 < \theta < 1$ を用いて表示すれば，
$$R_n = \frac{1}{(n-1)!} \int_0^x (x-t)^{n-1} f^{(n)}(t)\,dt$$
$$= \frac{x^n}{(n-1)!} \int_0^1 (1-\theta)^{n-1} f^{(n)}(\theta x)\,d\theta \quad [t = \theta x] \qquad \text{(積分形)}$$
$$= \frac{f^{(n)}(\theta x)}{n!}\,x^n \qquad \text{(Lagrange)}$$
$$= \frac{f^{(n)}(\theta x)}{(n-1)!}(1-\theta)^{n-1} x^n. \qquad \text{(Cauchy)}$$

与えられた関数 $f(x)$ が $T_n(x)$ によって近似されるかどうかを調べる．

例 5.1 $f(x) = 2\sqrt{1-x} = 2(1-x)^{1/2}$
$$f'(x) = -(1-x)^{-1/2},\ f''(x) = -\frac{1}{2}(1-x)^{-3/2},$$
$$f^{(3)}(x) = -\frac{3}{2^2}(1-x)^{-5/2},\ f^{(4)}(x) = -\frac{3\cdot 5}{2^3}(1-x)^{-7/2},\ \ldots$$
であるから，$n = 5$ まで計算して，
$$T_5(x) = 2 - x - \frac{1}{4}x^2 - \frac{3}{4\cdot 6}x^3 - \frac{3\cdot 5}{4\cdot 6\cdot 8}x^4 - \frac{3\cdot 5\cdot 7}{4\cdot 6\cdot 8\cdot 10}x^5.$$
たとえば，$x = \dfrac{1}{4}$ のとき，$2\sqrt{1-x} = \sqrt{3}$ の近似として T_n を計算すると，

n	0	1	2	3	4	5
T_n	2	1.75	$1.7343\cdots$	$1.73242\cdots$	$1.73211\cdots$	$1.732063\cdots$

$n \to \infty$ のとき T_n の極限が $f(x)$ に等しいかどうかは興味ある問題である.

$$T_\infty(x, f) = \lim_{n \to \infty} T_n(x, f) = \sum_{n=0}^{\infty} \frac{f^{(n)}(0)}{n!} x^n$$

$$= f(0) + f'(0)\, x + \frac{f''(0)}{2!} x^2 + \cdots + \frac{f^{(n)}(0)}{n!} x^n + \cdots$$

を $f(x)$ の ($x = 0$ を中心とする) **Taylor 級数**という. これは数列の極限であり, x に数値を代入したときに意味を持つ.

$$f(x) = T_\infty(x, f) \tag{5.1}$$

が成り立つとき, これを $f(x)$ の **Taylor 展開**という.

$f(x) = T_{n-1}(x, f) + R_n(x, f)$ であるから,

定理 5.2 $x = c$ に対して,
$$f(c) = T_\infty(c, f) \iff \lim_{n \to \infty} R_n(c, f) = 0$$

$|R_n| \to 0$ を調べる際, R_n には階乗 $n!$ が現れることが多い. $n!$ の大きさを評価する次の公式がある.

$$n! \approx \sqrt{2n\pi} \left(\frac{n}{e}\right)^n \qquad \text{(\textbf{Stirling の公式})}$$

ただし, 記号 $\approx$ は, $a_n \approx b_n \iff \lim_{n \to \infty} \dfrac{a_n}{b_n} = 1$ を意味する. 階乗に関して, 偶数のみ, 奇数のみの積を表す記号 !! も用いられる:

$$(2n)!! = 2^n \cdot n! = 2 \cdot 4 \cdot 6 \cdots (2n), \qquad 0!! = 1,$$

$$(2n-1)!! = \frac{(2n)!}{(2n)!!} = 1 \cdot 3 \cdot 5 \cdots (2n-1), \qquad (-1)!! = 1.$$

Stirling の公式より次が得られる.

$$(2n)!! \approx \sqrt{2n\pi} \left(\frac{2n}{e}\right)^n, \quad (2n-1)!! \approx \sqrt{2} \left(\frac{2n}{e}\right)^n,$$

$$\frac{(2n)!!}{(2n-1)!!} \approx \sqrt{n\pi} \qquad \text{(\textbf{Wallis の公式})}$$

例 5.2 例 5.1 の $f(x) = 2\sqrt{1-x}$ に対してこの記号を用いれば,

$$T_\infty(x) = 2 - 2\sum_{n=1}^\infty \frac{(2n-3)!!}{(2n)!!} x^n \tag{5.2}$$

と書くことができる.

例 5.3 $f(x) = \dfrac{1}{1+x}$ に対して, $f^{(n)}(x) = (-1)^{n-1}\dfrac{n!}{(1+x)^{n+1}}$ であるから,

$$T_\infty(x) = 1 - x + x^2 - x^3 + \cdots + (-x)^n + \cdots.$$

これは公比 $-x$ の等比級数で,

$$\frac{1}{1+x} = 1 - x + x^2 - x^3 + \cdots + (-x)^n + \cdots \quad (|x| < 1) \tag{5.3}$$

であることはよく知られている. なお, $|x| \geqq 1$ のときは (右辺が発散して) 上の等式は成立しない.

注意 5.2 このように, 一般に, (5.1) は特定の範囲でしか成立しない.

5.3 整級数

係数 $a_0, a_1, \ldots, a_n, \ldots$ から作られる

$$\sum_{n=0}^\infty a_n x^n = \lim_{n\to\infty}(a_0 + a_1 x + a_2 x^2 + \cdots + a_n x^n)$$

$$= a_0 + a_1 x + a_2 x^2 + \cdots + a_n x^n + \cdots \tag{5.4}$$

の形の級数を**整級数**という. 整級数については次が成り立つ

定理 5.3 (収束半径) 整級数 (5.4) に対して,

(1) $|x| < r$ ならば (5.4) は収束する, $|x| > r$ ならば (5.4) は発散する, となるような $r \, (0 \leqq r \leqq +\infty)$ が存在する. r を (5.4) の**収束半径**という.

(2) $\displaystyle\lim_{n\to\infty}\left|\frac{a_n}{a_{n+1}}\right| = \rho \implies \rho = $ 収束半径.

定理 5.4 (整級数の項別微積分)

$$f(x) = a_0 + a_1 x + a_2 x^2 + \cdots + a_n x^n + \cdots \quad (\,|x| < r\,)$$

ならば,

$$f'(x) = a_1 + 2a_2\, x + 3a_3\, x^2 + \cdots + na_n\, x^{n-1} + \cdots \quad (\,|x| < r\,)$$

(項別微分)

$$\int_0^x f(t)\, dt = a_0 x + \frac{a_1}{2} x^2 + \frac{a_2}{3} x^3 + \cdots + \frac{a_n}{n+1} x^{n+1} + \cdots \quad (\,|x| < r\,)$$

(項別積分)

系 5.5
関数が整級数で表されたとき,それは Taylor 展開である.すなわち

$$f(x) = a_0 + a_1 x + a_2 x^2 + \cdots + a_n x^n + \cdots \quad (\,|x| < r\,)$$

ならば,

$$a_n = \frac{f^{(n)}(0)}{n!} \quad (n = 0, 1, 2, \dots)$$

証明 繰り返し項別微分して $x = 0$ を代入すればよい. ∎

例 5.4 等比級数

$$\frac{1}{1-x} = 1 + x + x^2 + \cdots + x^n + \cdots \quad (|x| < 1)$$

を項別微分すれば,

$$\frac{1}{(1-x)^2} = 1 + 2x + 3x^2 + \cdots + (n+1)x^n + \cdots \quad (|x| < 1). \tag{5.5}$$

5.4 関数の Taylor 展開

与えられた関数 $f(x)$ の Taylor 展開を求めるには，Taylor の定理を適用するため $f^{(n)}(x)$ を求め，$\lim R_n = 0$ を示せばよい．あるいは，整級数の項別微積分が役に立つことがある．主要な関数の Taylor 展開は次のようになる．

$$e^x = 1 + \frac{x}{1!} + \frac{x^2}{2!} + \frac{x^3}{3!} + \cdots$$
$$= \sum_{n=0}^{\infty} \frac{x^n}{n!} \qquad (-\infty < x < +\infty) \qquad (5.6)$$

$$\sin x = x - \frac{x^3}{3!} + \frac{x^5}{5!} - \frac{x^7}{7!} + \cdots$$
$$= \sum_{n=0}^{\infty} (-1)^n \frac{x^{2n+1}}{(2n+1)!} \qquad (-\infty < x < +\infty) \qquad (5.7)$$

$$\cos x = 1 - \frac{x^2}{2!} + \frac{x^4}{4!} - \frac{x^6}{6!} + \cdots$$
$$= \sum_{n=0}^{\infty} (-1)^n \frac{x^{2n}}{(2n)!} \qquad (-\infty < x < +\infty) \qquad (5.8)$$

$$\log(1+x) = x - \frac{x^2}{2} + \frac{x^3}{3} - \frac{x^4}{4} + \cdots$$
$$= \sum_{n=1}^{\infty} (-1)^{n-1} \frac{x^n}{n} \qquad (-1 < x \leqq 1) \qquad (5.9)$$

$$(1+x)^a = 1 + a\,x + \frac{a(a-1)}{2!} x^2 + \frac{a(a-1)(a-2)}{3!} x^3 + \cdots$$
$$= \sum_{n=0}^{\infty} \binom{a}{n} x^n \qquad (-1 < x < 1) \qquad (5.10)$$

ただし，

$$\binom{a}{n} = \frac{a(a-1)\ldots(a-n+1)}{n!}, \quad \binom{a}{0} = 1.$$

(5.10) を 2 項級数という.

(5.6) の証明　$f(x) = e^x$ とおくと, $f^{(n)}(x) = e^x$, $\dfrac{f^{(n)}(0)}{n!} = \dfrac{1}{n!}$ より,

$$T_\infty(x) = \sum_{n=0}^\infty \frac{x^n}{n!}, \quad R_n = \frac{e^{\theta x}}{n!} x^n \quad (0 < \theta < 1),$$

$$\therefore \ |R_n| \leqq \frac{e^{|x|}}{n!} |x|^n \to 0 \ (n \to \infty) \quad (-\infty < x < +\infty).$$

(5.7), (5.8) の証明も同様である.

(5.9) の証明　$(\log(1+x))^{(n)} = (-1)^{n-1} \dfrac{(n-1)!}{(1+x)^n}$ $(n \geqq 1)$ であるから, 積分形の剰余項は,

$$R_n = (-1)^{n-1} x^n \int_0^1 \frac{(1-\theta)^{n-1}}{(1+\theta x)^n} d\theta.$$

$0 \leqq x \leqq 1$ のとき,

$$|R_n| \leqq \int_0^1 (1-\theta)^{n-1} d\theta = \frac{1}{n} \to 0.$$

$-1 < x < 0$ のとき, $0 \leqq \theta \leqq 1$ であるから,

$$\frac{(1-\theta)^{n-1}}{(1+\theta x)^n} = \frac{1}{1+\theta x} \left(\frac{1-\theta}{1+\theta x}\right)^{n-1} \leqq \frac{1}{1+x} \quad \therefore \ |R_n| \leqq \frac{|x|^n}{1+x} \to 0.$$

注意 5.3　等比級数 (5.3) を項別積分すれば, $|x| < 1$ のとき (5.9) が得られる.

(5.10) の証明　$a \notin \{0, 1, 2, 3, \dots\}$, すなわち a が 0 以上の整数ではないとする. (5.10) の右辺を $\varphi(x)$, $a_n = \begin{pmatrix} a \\ n \end{pmatrix}$ とおくと, $a_n \neq 0$ で,

$$\left|\frac{a_n}{a_{n+1}}\right| = \frac{n+1}{|a-n|} \to 1 \quad (n \to \infty)$$

定理 5.3 より, $\varphi(x)$ の収束半径は 1 である. $\varphi(x)$ の項別微分を用いれば,

$$(1+x)\varphi'(x) = a\varphi(x) \quad (|x| < 1)$$

であることがわかる. この微分方程式を解く.

$$\int \frac{\varphi'(x)}{\varphi(x)} dx = \int \frac{a}{1+x} dx \quad \therefore \ \log \varphi(x) = a\log(1+x) + C$$

また, $\varphi(0) = 1$ より, $\varphi(x) = (1+x)^a$ ($|x| < 1$) が得られる.

注意 5.4 $a = m \geq 0$ が整数であるとき,
$$\binom{m}{n} = \frac{m!}{n!\,(m-n)!} = {}_mC_n \quad (n = 0, 1, 2, \ldots, n)$$
は 2 項係数である. また, $\binom{m}{n} = 0 \;(n > m)$ であるから, (5.10) の右辺は m 次多項式で, (5.10) は 2 項定理そのものである. この場合は, (5.10) はすべての実数 x に対して成り立つ.

注意 5.5 (5.10) は $a > -1$ ならば, $x = 1$ で, $a \geq 0$ ならば, $x = \pm 1$ でも成り立つことがわかっている.

なお,
$a = -1$ とすれば等比級数 (5.3),
$a = -2$ として, $x \to -x$ により例 5.4 の (5.5),
$a = 1/2$ として, $x \to -x$ および全体を 2 倍すれば例 5.2 の (5.2)
が得られる.

5.5 整級数と複素変数関数

最後に, 整級数から得られる複素変数関数について簡単に触れる.

整級数 $\sum_{n=0}^{\infty} a_n x^n$ において, x に複素数 z を代入することが可能である. 級数の和は, 実数の場合と同様に, 部分和 $s_n = a_0 + a_1 z + \cdots + a_n z^n$ の作る (複素数の) 数列の極限として定義される:

$$s = \sum_{n=0}^{\infty} a_n z^n \iff |s_n - s| \to 0 \;(n \to \infty)$$

ここで, 絶対値は複素数の絶対値である $\left(|x + i\,y| = \sqrt{x^2 + y^2}\right)$.

例 5.5 等比級数 $\sum_{n=0}^{\infty} z^n$ の部分和は $s_n = \dfrac{1 - z^{n+1}}{1 - z}$ であるから, $|z| < 1$ ならば, $\left| s_n - \dfrac{1}{1-z} \right| = \dfrac{1}{|1-z|}|z|^{n+1} \to 0 \;(n \to \infty)$. ゆえに

$$\sum_{n=0}^{\infty} z^n = \frac{1}{1-z} \qquad (|z| < 1)$$

は複素数 z に対しても成り立つ. たとえば,

$$\sum_{n=0}^{\infty} \frac{1}{(2i)^n} = \frac{1}{1 - 1/(2i)} = \frac{2}{5}(2 - i).$$

一般に，収束半径が r の整級数 $\sum_{n=0}^{\infty} a_n z^n$ は複素数 z に対して，$|z| < r$ のとき収束し，$|z| > r$ のときは発散する．

複素変数の指数関数，3角関数

(5.6), (5.7) および (5.8) の右辺は，収束半径が $+\infty$ であるから，すべての複素数 z で収束する．そこで，複素数 z に対して (5.6), (5.7), (5.8) によって $e^z, \sin z, \cos z$ を定義する．(5.6) において，$z \to iz$ により，

$$e^{iz} = \cos z + i \sin z, \qquad (\textbf{Euler の公式})$$

$$e^{-iz} = \cos z - i \sin z$$

が得られる．これより，3角関数は指数関数によって表される：

$$\cos z = \frac{e^{iz} + e^{-iz}}{2}, \quad \sin z = \frac{e^{iz} - e^{-iz}}{2i}. \qquad (5.11)$$

指数関数の指数法則，$e^{z+w} = e^z e^w$，および3角関数の加法定理は，それらを定義する整級数の性質である．とくに，

$$e^{x+iy} = e^x (\cos y + i \sin y).$$

また，実数 $a > 0$ に対して，a^z を $a^z = e^{z \log a}$ で定義するのは自然であろう．このとき，Euler の公式より，

$$a^{x+iy} = a^x \bigl(\cos(y \log a) + i \sin(y \log a) \bigr) \qquad (a > 0).$$

とくに，

$$x^i = \cos \log x + i \sin \log x \qquad (x > 0).$$

これらの（実変数関数の）微積分への応用例としては，練習問題 3.16, 3.17 を参照．

解　答

第1章

問 **1.3** $(x^x)' = x^x(1+\log x)$,

$((\cos x)^{\sin x})' = (\cos x)^{\sin x}\left(\cos x \log(\cos x) - \dfrac{\sin^2 x}{\cos x}\right)$

問 **1.5** (1) $\dfrac{1}{12}$　(2) $\dfrac{1}{2}$　(3) 0　(4) $\dfrac{1}{3}$

問 **1.6** $x = -2$ のとき極大値 21, $x = 1$ のとき極小値 -6.

練習問題 1

1.1 (1) $x = 0$ で不連続.　(2) 連続.

1.5 (1) $-\dfrac{\pi}{4}$　(2) $\exp\left(\dfrac{e^2+1}{e^2-1}\right)$ $\left(= e^{\frac{e^2+1}{e^2-1}}\right)$

1.6 $\dfrac{n}{n+1}a$

1.7 $\dfrac{1}{2}$

1.9 (1) $\dfrac{1}{6}$　(2) 1　(3) 3　(4) 1　(5) $\dfrac{1}{2}$　(6) $-\dfrac{1}{2}$　(7) $-\dfrac{1}{2}$　(8) 1

1.10 (1) $x = 0$ のとき 極大値 3, $x = 1$ のとき 極小値 2.

(2) $x = \dfrac{\pi}{4}$ のとき最大値 $\dfrac{\pi}{4} - \dfrac{1}{2}\log 2$.

第2章

問 **2.1** (1) $f_x = \dfrac{2x}{y}e^{x^2/y}$, $f_y = -\dfrac{x^2}{y^2}e^{x^2/y}$

(2) $f_x = -\dfrac{y}{x^2+y^2}$, $f_y = \dfrac{x}{x^2+y^2}$

問 **2.2** 両辺とも $r\cos\theta f_x(r\cos\theta, r\sin\theta) + r\sin\theta f_y(r\cos\theta, r\sin\theta)$ に等しい.

問 **2.3** (1) $(0,0)$: 極大値 0, $(0,2)$: 極小値 -4, $(\pm 1, 1)$: 鞍点 $f = -2$

(2) $(0,-1)$: 極大値 2, $(0,1)$: 極小値 -2, $(\pm 1, 0)$: 鞍点 $f = 0$

(3) $(\pm 2, \pm 2)$: 極小値 0, $(0,0)$: 鞍点 $f = 16$

(4) $(1,1)$: 極小値 $-4n+1$, $(1,-1)$: 鞍点 $f = 1$

問 **2.4** 停留点は $(x, y, z) = (0, 1, 1), (1, 1, 1)$. 対応する 2 次形式はそれぞれ

$-6X^2 - 12Y^2 - 18Z^2$, $6X^2 - 12Y^2 - 18Z^2$ であるから, $f(0,1,1) = 15$ は極大値. $f(1,1,1) = 14$ は極値ではない.

問 2.5 (1) $(0,0)$　(2) $(1,0)$　(3) なし　(4) $(0,0)$

問 2.6 $y'' = -\dfrac{x^2 + y^2}{y^3} = -\dfrac{1}{y^3}$,　$(\pm\sqrt{1-x^2})'' = -\dfrac{1}{\pm(1-x^2)\sqrt{1-x^2}}$

問 2.7 (1) $(0,0)$: $y'' = 1 > 0$, 極小, $(-1,-1)$: $y'' = -2/3 < 0$, 極大.

(2) $(-3/2, 2/3)$: $y'' = -16/45 < 0$, 極大.

(3) $(0,0)$: $y'' = 2 > 0$, 極小, $(-1,-1)$: $y'' = -2/5 < 0$, 極大.

(4) $(e, 1/e)$: $y'' = -1/(2e^3) < 0$, 極大.

練習問題 2

2.1 (1) $l_1 = l_2 = l_3 = 0$

(2) l_1 と l_3 は存在しない. $l_2 = 0$

(3) $l_1 = 0$, l_2 と l_3 は存在しない.

2.2 (1) 不連続　(2) 連続　(3) 不連続　(4) 連続

2.3 (1) $f(0,0) = 0$　(2) $f(0,0) = 0$

2.4 $f_x = \cos(x+y^2)$,　$f_y = 2y\cos(x+y^2)$,　$f_{xx} = -\sin(x+y^2)$,
$f_{xy} = f_{yx} = -2y\sin(x+y^2)$,　$f_{yy} = 2\cos(x+y^2) - 4y^2\sin(x+y^2)$

2.8 (1) $(0,0)$: 鞍点, $f = 0$,　$(1,1)$: 極小値 -1.

(2) $(0,1)$: 極小値 -2,　$(0,-1)$: 極大値 2,　$(\mp\dfrac{2}{\sqrt{5}}, \pm\dfrac{1}{\sqrt{5}})$: 鞍点 $f = \mp\dfrac{2}{\sqrt{5}}$.

(3) $x = y = \dfrac{\sqrt{3}-1}{2}$ で極大値 $\dfrac{\sqrt{3}+1}{2}$,　$x = y = -\dfrac{\sqrt{3}+1}{2}$ で極小値 $\dfrac{1-\sqrt{3}}{2}$.

(4) $(-2,2)$: $a > 0$ のとき極小値 $-2e^{-2}a$, $a < 0$ のとき鞍点.

(5) $(0,0)$ で極小値 0, $(\pm 1, 0)$ で極大値 $\dfrac{a}{e}$,　$(0, \pm 1)$: 鞍点, $f = b$.

2.9 (1) $(x,y) = (1,2)$, $y'' = -2/11$, 極大.

(2) $(x,y) = (0,-1)$, $y'' = -1$, 極大, $(x,y) = (-2,1)$, $y'' = 1$, 極小.

(3) $(0,0)$, $y'' = 2/e$, 極小, $(-e, 1/e)$, $y'' = -\dfrac{2}{3e^3}$, 極大.

2.10 $x = \dfrac{1}{n}\sum_{i=1}^{n} x_i$,　$y = \dfrac{1}{n}\sum_{i=1}^{n} y_i$

2.11 (1) $(x,y,z) = (1,0,0)$ で極小値 -2

(2) $(x,y,z) = (0,0,0)$ で極小値 0

2.12 $x_1 = x_2 = \cdots = x_n = \dfrac{1}{n}$ のとき,最大値 $\log n$.
($f(x_1, \ldots, x_n)$ に $x_n = 1 - x_1 - \cdots - x_{n-1}$ を代入した $n-1$ 変数関数の停留点を調べよ.あるいは,Laglange の未定乗数法を用いよ).

第 3 章

問 **3.1** (1) $x \arctan x - \dfrac{1}{2} \log(x^2 + 1)$ (2) $x \arcsin x + \sqrt{1-x^2}$
(3) $\arctan e^x$ (4) $-2\log(1 + \sqrt{1-x})$
(5) $n \neq -1, -2$ のとき,$-\dfrac{(nx + x + 1)(1-x)^{n+1}}{(2+n)(n+1)}$,
$n = -1$ のとき,$-x - \log|1-x|$,$n = -2$ のとき,$\dfrac{1}{1-x} + \log|1-x|$

問 **3.2** (1) $\dfrac{1}{a-b} \log\left|\dfrac{x-a}{x-b}\right|$ (2) $\log|x+3| + \log(x^2+1) - \arctan x$
(3) $\dfrac{1}{x+3} + \dfrac{1}{4} \log \dfrac{(x+3)^2}{x^2+1} + \dfrac{5}{2} \arctan x$,$\dfrac{1}{4}\log(2+\sqrt{3}) + \dfrac{\pi}{12}$
(4) $\dfrac{1}{2} \log \left|\dfrac{1+x}{1-x}\right| + \dfrac{1}{2}\arctan x$,$\dfrac{1}{4}\log(2+\sqrt{3}) + \dfrac{\pi}{12}$
(5) $\log x - \dfrac{1}{2}\log(2x^2 - 2x + 1) + 2\arctan(2x-1)$

問 **3.3** (1) $\dfrac{1}{1+\cos x}$,$\dfrac{3}{2} - \sqrt{2}$ (2) $\dfrac{1}{2}\tan\dfrac{x}{2} - \dfrac{1}{6}\left(\tan\dfrac{x}{2}\right)^3$,$\dfrac{1}{3}$
(3) $\dfrac{1}{2}(x - \log|\sin x + \cos x|)$,$\dfrac{\pi}{8} - \dfrac{1}{4}\log 2$

問 **3.4**
1. (a) $a|\cos\theta|$ (b) $a|\sin\theta|$ **2.** (a) $a|\cot\theta|$ (b) $a|\tan\theta|$
3. (a) $a|\sec\theta|$ (b) $a|\operatorname{cosec}\theta|$

問 **3.5** 問 3.4 の結果より:
1. (A) $a\left|\dfrac{1-t^2}{1+t^2}\right|$ (B) $a\left|\dfrac{2t}{1+t^2}\right|$
2. (A) $a\left|\dfrac{1-t^2}{2t}\right|$ (B) $a\left|\dfrac{2t}{1-t^2}\right|$
3. (A) $a\left|\dfrac{1+t^2}{1-t^2}\right|$ (B) $a\left|\dfrac{1+t^2}{2t}\right|$

問 **3.6** (1) (i) $\dfrac{2}{a}\arctan t = \dfrac{2}{a}\arctan\sqrt{\dfrac{x-a}{x+a}}$

(ii) $\dfrac{2}{a}\arctan t = \dfrac{2}{a}\arctan\dfrac{\sqrt{x^2-a^2}+x}{a}$

(iii) $\dfrac{t}{a} = \dfrac{1}{a}\arccos\dfrac{a}{x}$

(iv) $\dfrac{1}{a}\arctan\dfrac{t}{a} = \dfrac{1}{a}\arctan\dfrac{\sqrt{x^2-a^2}}{a}$

(2) $\dfrac{\pi}{12}$

問 **3.8** (1) $+\infty$ (に発散する)　(2) -1　(3) $\log 2$
(4) $a>0$ のとき, $\dfrac{1}{a^2}$, $a\leqq 0$ のとき, $+\infty$　(5) $\dfrac{\pi}{8}-\dfrac{1}{4}\log 2$　(6) $\dfrac{\pi}{2}$

問 **3.9** (1) の証明：部分積分を用いて, $s>0$ のとき,
$$\Gamma(s+1) = \left[x^s(-e^{-x})\right]_0^{+\infty} - \int_0^\infty (x^s)'(-e^{-x})\,dx = s\,\Gamma(s).$$
(2) $\Gamma(1)=1$ を示し, (1) を用いて帰納法で証明される.

問 **3.10** (1) $\sqrt{\pi}$　(2) $b=a^2\pi$

問 **3.11** (1) $\dfrac{|\sin x+\cos x|}{x^2+1} \leqq \dfrac{2}{x^2+1}$ より, 絶対収束, したがって収束.

(2) $\dfrac{\log x}{x} \geqq \dfrac{1}{x}\ (x\geqq e)$ より, 発散.

問 **3.12** (1) $\dfrac{1}{2}(e^a-e^{-a})$　(2) $2\sqrt{2}-1$　(3) $\sqrt{2}$

練習問題 3

3.1 (1) $x^{p+1}\left(\dfrac{\log x}{1+p} - \dfrac{1}{(1+p)^2}\right)$

(2) $\dfrac{1}{p+1}(\log x)^{p+1}\ (p\neq -1),\ \log|\log x|\ (p=-1)$

(3) $\dfrac{1}{2}(x^2-1)e^{x^2}$

(4) $\dfrac{1}{6}\log\dfrac{(x+1)^2}{x^2-x+1} + \dfrac{1}{\sqrt{3}}\arctan\dfrac{2x-1}{\sqrt{3}}$

(5) $\dfrac{1}{(b-a)(x+b)} + \dfrac{1}{(a-b)^2}\log\left|\dfrac{x+a}{x+b}\right|$

(6) $\dfrac{1}{a^2+1}\left(\dfrac{1}{2}\log\dfrac{(x+a)^2}{x^2+1} + a\arctan x\right)$

(7) $\dfrac{1}{(a^2+1)^2}\left(-\dfrac{a^2+1}{x+a} + a\log\dfrac{(x+a)^2}{x^2+1} + (a^2-1)\arctan x\right)$

(8) $2\tan\dfrac{x}{2} - x$

(9) $\tan x = t$ とおく. $\dfrac{1}{ab} \arctan\left(\dfrac{b}{a}\tan x\right)$

(10) $\arctan \dfrac{x}{\sqrt{x^2+2}}$

3.2 (1) $\dfrac{1}{2}$ (2) $-\dfrac{1}{p^2}$ (3) $\dfrac{\pi}{2}$ (4) π (5) $\dfrac{1}{2}$ (6) $\dfrac{1}{e}$

3.3 $I = 1$, $J = \dfrac{1}{\lambda}$, $K = \dfrac{1}{\lambda^2}$

3.4 $f = e^{ax}\cos bx$, $g = e^{ax}\sin bx$ とおくと, $f' = af - bg$, $g' = bf + ag$. これを積分すれば, $f = aI - bJ$, $g = bI + aJ$. これから I, J を求めることができる. $I = \dfrac{1}{a^2+b^2}e^{ax}(a\cos bx + b\sin bx)$, $J = \dfrac{1}{a^2+b^2}e^{ax}(-b\cos bx + a\sin bx)$

3.5 (1) $\dfrac{a}{a^2+b^2}$ (2) $\dfrac{b}{a^2+b^2}$

3.6 $\log x = t$ とおけ.
(1) $\dfrac{x}{2}(\sin\log x + \cos\log x)$ (2) $\dfrac{x}{2}(\sin\log x - \cos\log x)$
(3) $\dfrac{1}{2}$ (4) $-\dfrac{1}{2}$

3.7 (2) $\dfrac{1}{2}\pi(\pi - 2)$

3.8 $I_n = \dfrac{1}{a}(-n\,I_{n-1} + x^n e^{ax})$

3.9 $C_n = \dfrac{n}{a^2+b^2}(-a\,C_{n-1} + b\,S_{n-1})$, $S_n = \dfrac{n}{a^2+b^2}(-b\,C_{n-1} - a\,S_{n-1})$

3.10
(1) $p \neq 1$ のとき, $-\dfrac{1}{(p-1)(\log(\log x))^{p-1}}$, $p = 1$ のとき, $\log(\log(\log x))$
(2) $p > 1$ のとき, $\dfrac{1}{p-1}$, $p \leqq 1$ のとき, $+\infty$

3.11 (1) $\Gamma(1/n)$ の積分表示において, $x = t^n$ で置換積分せよ.
(2) $\Gamma(s+1) = s\,\Gamma(s)$ を用いよ.

3.12 (1) $\dfrac{\pi}{2}$. (部分積分を試みよ).
(2) $\dfrac{\pi}{2}$. (等式 $1 - \cos x = 2\sin^2(x/2)$ より (1) に帰する).
(3) $\dfrac{\pi}{4}$. ($x = \sqrt{t}$ とおけ).

3.13 (1) $\log(2+\sqrt{3})$ (2) $8a$

3.15 (1) $\sqrt{2}(e^a - e^{-a})$ (2) $\dfrac{5}{9} + \dfrac{1}{4}\log 3$

124　解答

3.16 (2) $\int f(x)\,dx = \dfrac{a-bi}{a^2+b^2} f(x)$ の両辺の実部と虚部を比較せよ.
3.18 (1) $|f'(x)\cos x| = -f'(x)|\cos x| \leqq -f'(x)$ を用いよ.
(2) (1) より，右辺の積分は絶対収束，したがって収束する．

第 4 章

問 **4.1** (1) $\dfrac{4}{21}$　(2) -1

問 **4.2** (1) $\dfrac{39}{2}$　(2) $e^2 - 3$　(3) $\dfrac{\pi}{2}(\sqrt{2}-1)$　(4) $\log 3 - \dfrac{2}{3}$

問 **4.3** (1) $\dfrac{4}{3}$　(2) $\dfrac{1}{a} - \dfrac{1}{b}$

問 **4.4** (1) $\dfrac{1}{\sqrt{2}}$　(2) $\dfrac{2}{15}\pi$　(3) $\dfrac{31}{16}$　(4) $\dfrac{\pi}{a+1}\left((1+b^2)^{a+1} - 1\right)$

問 **4.5** (1) $J = u$　(2) $1 \leqq u \leqq 2,\ 0 \leqq v \leqq 1$　(3) $I = \dfrac{\pi}{8}$

問 **4.6** (1) $\dfrac{1}{(a-1)(a-2)}$　(2) $\dfrac{1}{2}\log 2$　(3) $\dfrac{\pi}{4}$
(4) $\dfrac{\pi}{8}$　(5) π　(6) $\dfrac{1}{8}$

問 **4.7** (1) $J = -u$　(2) $u = x+y,\ v = \dfrac{x}{x+y}$.
(3) $E: 0 < u < +\infty,\ 0 < v < 1$.
(4) $I = \displaystyle\int_0^\infty x^{p-1}e^{-x}dx \int_0^\infty y^{q-1}e^{-y}dy = \Gamma(p)\,\Gamma(q)$ であるが，変数変換すれば，$I = \displaystyle\int_0^\infty du \int_0^1 u^{p+q-1} v^{p-1}(1-v)^{q-1} e^{-u} dv = B(p,q)\,\Gamma(p+q)$ となる．

問 **4.8** (1) 0　(2) -1

問 **4.9** $M = \displaystyle\int_0^{2\pi} d\varphi \int_0^a dz \int_0^{\sqrt{a^2-z^2}} \rho\,d\rho,\quad M_z = \displaystyle\int_0^{2\pi} d\varphi \int_0^a dz \int_0^{\sqrt{a^2-z^2}} z\rho\,d\rho$

問 **4.10** (1) $\pi\left(-\dfrac{1}{2} + \log 2\right)$　(2) $\dfrac{\pi}{2}\log 2$

問 **4.11** (4.22)：この回転体は空間の極座標で，次の領域で表される．
$$0 \leqq r \leqq r(\theta),\ \alpha \leqq \theta \leqq \beta,\ 0 \leqq \varphi \leqq 2\pi.$$
(4.23)：練習問題 3.14 の (3.16) より，$ds = \sqrt{r^2 + r'^2}\,d\theta$．

問 **4.12**
x 軸の周り：$V = \dfrac{\pi}{24}(-4 + 3\sqrt{2}\log(3+2\sqrt{2})),\ S = 2(2-\sqrt{2})\pi a^2$.

y 軸の周り： $V = \dfrac{1}{16}\pi^2 a^3 \sqrt{2},\ S = 2\sqrt{2}\pi$

問 **4.13** $V = 2\pi^2 ab^2,\ S = 4\pi^2 ab$

練習問題 4

4.1 積分領域を図示してみよ．

4.2 (1) $\dfrac{\pi}{12}$ (2) $\dfrac{1}{3}(2\sqrt{2}-1)$ (3) $\dfrac{1}{2\pi}$

4.3 (1) $\dfrac{1}{2}\log 2$ (2) $\dfrac{1}{2}$ (3) $\dfrac{1}{4}a^2(\arctan b)^2$ (4) $\dfrac{32}{9}$ (5) $\dfrac{\pi}{4}$
(6) $\dfrac{\pi}{4}+\dfrac{1}{2}\log 2$ (7) $\dfrac{\sqrt{3}}{12}\pi - \dfrac{1}{2}\log 2$ (8) $\dfrac{11}{12}$ (9) $2-\sqrt{2}$ (10) 1
(11) $\dfrac{2}{3}$ (12) $\dfrac{1}{8}$ (13) $\dfrac{\pi}{8}$ (14) $\dfrac{\pi}{12}$ (15) $\dfrac{\pi}{2}-1$
(16) $\alpha<1$ のとき，$\dfrac{\pi}{1-\alpha}$, $\alpha \geqq 1$ のとき，$+\infty$ (17) $\dfrac{\pi}{2}$

4.4 (1) $\dfrac{1}{4}(e-e^{-1})$, $(dxdy = |u|\,dudv$, 対応する領域：$0 < u \leqq 1,\ 0 < v < 1)$
(2) $\dfrac{1}{16}\pi a^3 b$, $(dxdy = abr\,drd\theta$, 対応する領域：$0 \leqq r \leqq 1,\ 0 \leqq \theta \leqq 2\pi)$
(3) π, $(dxdy = 2t^2 dt du$, 対応する領域：$0 < t,\ u)$
(4) $\dfrac{\pi}{4}\log 2$, $(dxdy = |u|dudv$, 対応する領域：$1 \leqq u \leqq 2,\ 0 \leqq v \leqq 1)$
(5) $\dfrac{1}{6}$, $(x = \dfrac{uv}{1+u},\ y = \dfrac{v}{1+u},\ dxdy = \dfrac{v}{(1+u)^2}\,dudv$, 対応する領域：
$0 \leqq u \leqq 1,\ 0 \leqq v \leqq 1$. または，$dudv = \dfrac{x+y}{y^2}dxdy$ を用いてもよい).

4.5 $\dfrac{1}{2}(q-p)\log\dfrac{b}{a}$, (例 4.5 の変換を用いよ)．

4.6 (1) $\dfrac{4}{3}\pi abc$ (2) $\dfrac{16}{3}a^3$ (3) $\dfrac{2}{9}(3\pi-4)a^3$ (4) $\dfrac{2\pi}{3}a^3(1-\cos\alpha)$
(5) $\dfrac{4n\pi}{2n+1}$ (6) $\dfrac{2}{9}a^3$

4.7 (1) $S_x : 2\pi\left(1 + \dfrac{k^2+1}{k}\arctan k\right)$,

$\qquad S_y : 2\pi\dfrac{\sqrt{k^2+1}}{k}\left(k\sqrt{k^2+1} + \log(k+\sqrt{k^2+1})\right)$

(2) 体積 $\dfrac{8}{3}\pi a^3$, 面積 $\dfrac{52}{3}\pi a^2$

索引

数字・アルファベット

2項級数, 116
2重積分, 79
3重積分, 98
cardioid(カーディオイド), 45
Cauchy(コーシー)の剰余項, 110
Cauchy の平均値の定理, 16
C^∞ 級関数, 8, 34
C^n 級関数, 8, 34
cycloid(サイクロイド), 76
Euler(オイラー)の公式, 118
grad, 30
Jacobian(ヤコビアン), 87, 99
Jacobi(ヤコビ)行列, 30, 87, 99
Lagrange(ラグランジュ)の剰余項, 21, 110
Lagrange の平均値の定理, 16
lemniscate(レムニスケート), 105
L'Hospital(ロピタル)の定理, 17
Maclaurin(マクローリン)の定理, 111
Riemann(リーマン)和, 52, 80, 98
Rolle(ロル)の定理, 16
Stirling(スターリング)の公式, 112
Taylor(テーラー)級数, 112
Taylor 展開, 112
Taylor の定理, 20, 109
— (2変数関数の), 36
Wallis(ウォーリス)の公式, 112
x 線領域, 82
y 線領域, 82

あ行

鞍点, 37
陰関数, 42
円柱座標, 100

か行

階乗 (!), 20
階乗 (!!), 59, 112
開領域, 78
片側極限, 3
ガンマ関数, 71
逆関数, 5
— の定理, 5
極限, 1, 26
極座標, 89
— (空間の), 100
極座標表示(曲線の), 73
極座標変換, 89
極値, 22
距離, 25
空間の極座標, 100
原始関数, 54
広義重積分, 92
広義積分, 65
高次導関数, 7
合成関数, 8
交代積, 89, 99
勾配(ベクトル), 30

さ行

最大値・最小値の定理, 5
— (2変数関数の), 79
重積分, 79
収束, 2
収束半径, 113
剰余項, 20
— (Cauchy の), 110
— (Lagrange の), 21, 110
— (積分形), 110
初等関数, 10
助変数, 9

心臓形 (cardioid), 45
整級数, 113
積分定数, 54
積分の平均値の定理, 53
接線, 6
絶対収束, 71
　　——（広義重積分の）, 97
接平面, 31
接ベクトル, 9
全微分可能, 29
双曲線関数, 15
速度（ベクトル）, 10

た行

第 n 近似式, 20
対数微分法, 14
体積要素, 102
縦線領域, 82
単調関数, 5
単調減少, 5
単調増加, 5
置換積分, 56
中間値の定理, 5
通常点, 40
定積分, 50

停留点, 22
　　——（2変数関数の）, 37
導関数, 6
特異点, 40

は行

発散, 1
左側極限, 3
微分可能, 6, 29
微分係数, 6
不定形, 3
　　—— の極限, 17
不定積分, 54
部分積分, 55
部分分数分解, 58
平均値, 53
　　——（2変数関数の）, 81
平均値の定理, 16
　　——（Cauchy の）, 16
　　——（Lagrange の）, 16
　　——（重積分の）, 81
　　——（積分の）, 53
閉領域, 78

ベータ関数, 70
変数変換公式
　　——（3重積分の）, 99
　　——（重積分の）, 88
偏導関数, 28, 34
偏微分, 27, 28
偏微分可能, 28
偏微分係数, 28
法線, 31

ま行

右側極限, 3
無限積分, 65
面積要素, 102

や行

有界領域, 78
横線領域, 82

ら行

臨界点, 22, 37
累次積分, 83
連鎖公式, 33
連珠形 (lemniscate), 105
連続, 4, 27

著　者

高橋豊文　　元東北大学大学院理学研究科　教授
長澤壯之　　埼玉大学大学院理工学研究科　教授

基礎微積分

| 2000 年 4 月 10 日 | 第 1 版　第 1 刷　発行 |
| 2013 年 9 月 30 日 | 第 1 版　第 3 刷　発行 |

著　者　　高橋豊文
　　　　　長澤壯之
発 行 者　　発田寿々子
発 行 所　　株式会社　学術図書出版社
〒113-0033　東京都文京区本郷5丁目4の6
TEL 03-3811-0889　振替 00110-4-28454
印刷　サンエイプレス（有）

定価はカバーに表示してあります．

本書の一部または全部を無断で複写（コピー）・複製・転載することは，著作権法でみとめられた場合を除き，著作者および出版社の権利の侵害となります．あらかじめ，小社に許諾を求めて下さい．

Ⓒ T. TAKAHASHI, T. NAGASAWA 2000 Printed in Japan
ISBN978-4-87361-228-7　C3041